浙东白鹅养殖图鉴

陈淑芳　著

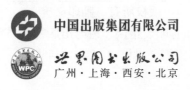

中国出版集团有限公司

世界图书出版公司

广州·上海·西安·北京

图书在版编目（CIP）数据

浙东白鹅养殖图鉴 / 陈淑芳著 . -- 广州 : 世界图书出
版广东有限公司，2024.11. --ISBN 978-7-5232-1820-4

Ⅰ . S835.4-64

中国国家版本馆 CIP 数据核字第 2024A3Y501 号

书　　名	浙东白鹅养殖图鉴	
	ZHEDONG BAIE YANGZHI TUJIAN	
著　　者	陈淑芳	
责任编辑	刘　旭	
责任技编	刘上锦	
装帧设计	三叶草	
出版发行	世界图书出版有限公司　世界图书出版广东有限公司	
地　　址	广州市海珠区新港西路大江冲 25 号	
邮　　编	510300	
电　　话	（020）84460408	
网　　址	http://www.gdst.com.cn	
邮　　箱	wpc_gdst@163.com	
经　　销	新华书店	
印　　刷	广州今人彩色印刷有限公司	
开　　本	787 mm × 1 092 mm　1/16	
印　　张	20.25	
字　　数	344 千字	
版　　次	2024 年 11 月第 1 版　2024 年 11 月第 1 次印刷	
国际书号	ISBN 978-7-5232-1820-4	
定　　价	128.00 元	

序 言 FOREWORD

2023 年 10 月，我应宁波市政府邀请参加浙江·宁波科技人才周活动。陈淑芳告诉我，她正在主持浙东白鹅品种资源发掘和新品系培育攻关项目，并编撰《浙东白鹅养殖图鉴》（以下简称《图鉴》）。我鼓励她大胆创新，抓紧成书。

《图鉴》样书很快送到我的案头。粗略一翻，就被专业的阐释和生动的语言所吸引。《图鉴》共分六章，第一章概述，总体介绍了浙东白鹅的主要特点和饲养管理；后面按照鹅的生长时序分为雏鹅、仔鹅、育肥鹅、后备种鹅和种鹅五章，详尽阐述了浙东白鹅不同时期的外貌特征、生理特

中国工程院院士

国家水禽产业技术体系首席科学家

点、管理要点和 49 种常见疾病防控知识，深入浅出、鞭辟入里，具有较强的理论性、创新性和实用性。

在浩如烟海的畜牧兽医书刊中，《图鉴》可谓独具匠心、不落窠臼。首先，体例之新颖可谓别树一帜。饲养管理类书刊比比皆是，其章节无不是按教学内容分类。《图鉴》却按照白鹅生长日龄为序，便于养殖户按图索骥、照方抓药，这是一种开创性的有益尝试。其次，图片之丰富让我眼睛一亮。畜牧兽医专业书籍，相对枯燥乏味。《图鉴》通过约 300 幅彩照来解读养殖知识，这种以图释文、

图文并茂的方式老少咸宜、通俗易懂，让人读来兴致盎然。最后，语言之鲜活堪称别具一格。书中插入了大量"鹅言鹅语"和"链接与分享"，生动、鲜活的语言和故事，令人过目不忘。

"长江后浪推前浪，世上新人赶旧人。"看到陈淑芳一出手就是大手笔，我感到水禽事业后继有人，非常欣慰。陈淑芳是扬州大学兽医学博士、全国畜牧兽医学会理事，扎根农村一线，从事畜牧兽医工作三十多年，其丰富的实践经验和深厚的学识功底，在书中都有充分的呈现。《图鉴》数易其稿、资料丰富、亮点纷呈，不乏真知灼见，可谓是呕心沥血的精品力作，具有产、学、研多方面的学术和实践价值。陈淑芳不仅是广受基层欢迎的杰出兽医，而且是德艺双馨的全国道德模范、全国劳动模范、第十四届全国人大代表，是全国基层畜牧兽医战线的一面旗帜。我很高兴玉成其美，把《图鉴》推荐给广大畜牧兽医工作者、养殖户和大学生，相信对大家有所帮助。

是为序。

前 言 PREFACE

我国是畜牧业大国，但还不是强国，短板就在于种业，种业是农业的"芯片"。浙东白鹅是我国鹅种大家庭中独特的一员，是中型鹅的典型代表，是全世界第一个被全基因测序的鹅种，先后被列入我国家禽品种志（Q-03-01-006-01）和国家畜禽遗传资源品种名录。

浙东白鹅起源于鸿雁。在宁波田螺山考古现场，发掘出一批距今大约 7 000 年的鹅左肱骨遗存，说明鹅可能是第一种被豢养、驯化的鸟类，驯化地就在浙东沿海地区。宁波各级政府高度重视农业种子工程建设，浙东白鹅种鹅纯繁工程取得显著成效，在全国种鹅市场占有越来越重要的地位。年饲养种鹅达到 52 万羽，年孵化供应优质苗鹅 1 200 万羽，保有浙东白鹅最大种鹅纯繁群体。浙东白鹅早期生长速度快、屠宰率高、食草性广、肉质鲜美、抗病力强，是不可多得的优质种禽。在高质量发展建设共同富裕示范区新征程上，浙东白鹅不仅是百姓餐桌上的美味佳肴，而且在增加农民收入、推动乡村振兴、助力脱贫攻坚、共同富裕等方面发挥了不可替代的独特作用。

这几年，宁波市农业科学研究院联合上海市农业科学院、南京农业大学、扬州大学，协同宁波鹅贝儿种业科技发展有限公司、浙江九簪大白鹅种业有限公司，顺利摘取宁波市"科技创新 2025"重大专项"揭榜挂帅"项目，项目编号为 2021Z131。该项目对浙东白鹅的品种特征、生理特点、饲养管理等进行全方位深层次研究，取得了一系列新成果。本书全面总结了"揭榜挂帅"项目攻关成果，以期帮助广大养殖户科学了解浙东白鹅的特性，掌握饲养管理技术。本书采用图文并茂、浅显直白的方式，以白鹅生长时序为主线，辅以约 300 幅彩照图解白鹅的一生，以期对科研工作者、大学生和广大养殖户有所裨益。

目 录 CONTENTS

第二章 ▶ 雏 鹅

第三章　仔　鹅

第四章 育肥鹅

第五章 后备种鹅

第六章 种 鹅

第一章 概 述

第一节　浙东白鹅主要特点

　　鹅是由野生的鸿雁或灰雁驯化而成的家禽，属于鸟纲雁形目鸭科动物。我国是养鹅大国，饲养量约占世界养鹅总量的 90%。按体型大小，鹅的品种可分为大、中、小型鹅种。浙东白鹅属于中型偏大鹅种，是我国著名地方品种，被列入国家畜禽遗传资源品种名录、国家农产品地理标志登记保护品种。

图 1-1　规模化饲养的浙东白鹅

　　浙东白鹅由鸿雁驯化而来，驯化程度低于鸡、鸭，有些生活习性与鸿雁相似，如喜水性、警觉性、就巢性、耐寒性、广食性、合群性等。鹅的祖先都是群居生活、成群结队飞行，这种合群性方便管理，适于大群放牧饲养和大规模圈养。浙东白鹅中心产区位于浙江省东部沿海的象山县，种鹅存栏 50 万只，年出苗鹅 1 000 余万只；尚有少量种鹅分布于奉化、鄞州、定海、余姚、绍兴、嵊州、新昌等地，共 2 万只。肉鹅在海南、广东、安徽、江苏、四川、吉林等省（区、市）均有饲养。浙东白鹅耐粗饲，耐寒性、抗病性强。生长速度快，早期生长更为显著，30 日龄体重 1.5 ～ 2 kg，70 日龄体重 4 ～ 4.5 kg，成活率在 95% 以上。

图 1-2　南迁越冬的野生鸿雁

21 世纪人们追求食品的绿色、健康、营养，由过去吃得饱向吃得好、吃得健康转变。鹅肉所具有的纯天然、无公害、低残药、营养丰富等特点，正符合当代消费者的需求。我国南方一些地区素有吃鹅肉的习惯，"无鹅不成席"，如香港一天的活鹅需求量是 10

图 1-3　浙东白鹅全鹅宴

多万只，仅广州市每年的活鹅消费就高达7000多万只。浙东白鹅肉质鲜嫩松脆，风味物质含量高，胆固醇含量低，富含蛋白质、脂肪、维生素和微量元素，其蛋白质含量为17.6%～18.2%，且人体所必需的氨基酸全面，脂肪以不饱和脂肪酸为主，有益于人体健康。在第五届中国白鹅产业技术研讨会上，中国工程院院士、国家水禽产业体系首席科学家侯水生称赞"浙东白鹅又香又鲜，是做白斩鹅或其他鹅产品的上好原材料"。

二、外貌特点

浙东白鹅全身羽毛洁白，有10%左右的个体在背腰部或腹部夹杂少量斑块状灰褐色羽毛。体型中等，体躯呈船形，清秀无咽袋，结构紧凑，颈细长，颈椎多达18节。浙东白鹅肉瘤高突，呈半球形覆盖于头顶，随着日龄增长而更显凸起，公鹅比母鹅更突出。鹅喙、跖、蹼、肉瘤呈橘红色，爪玉白色，眼睑金黄色，虹彩灰蓝色。

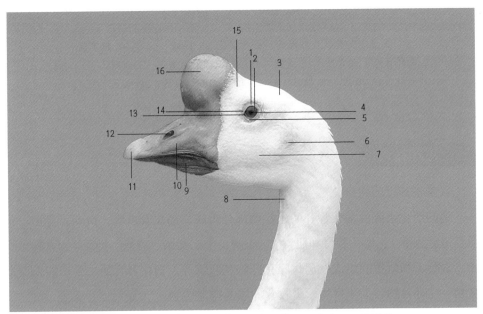

1.上眼睑 2.眼角膜与虹膜 3.冠羽区 4.瞳孔 5.下眼睑
6.耳羽区 7.颊羽区 8.咽喉部 9.下颌（下喙） 10.嘴（上喙）
11.嘴豆 12.鼻孔 13.瞬膜（第三睑） 14.眼角 15.额羽区 16.肉瘤

图1-4 浙东白鹅头部

成年公鹅体型高大，体重 5.5 ~ 6.5 kg、背长 28 ~ 32 cm、胸深 9.1 ~ 9.3 cm、胸宽 8.6 ~ 8.8 cm、龙骨长 15 ~ 17 cm，肉瘤高突，鸣声洪亮，喜斗，逐人。成年母鹅体重 4.5 ~ 5.5 kg、背长 26 ~ 30 cm、胸深 8.6 ~ 8.8 cm、胸宽 8.2 ~ 8.4 cm、龙骨长 14 ~ 16 cm，腹宽而下垂，鸣声低沉，性情温驯。

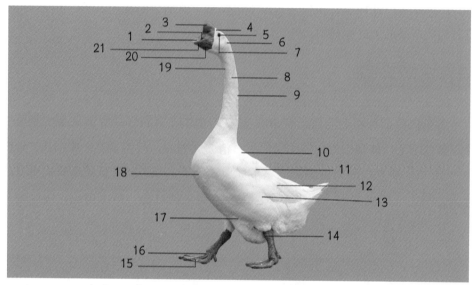

1.上喙　2.鼻孔　3.肉瘤　4.颅顶区　5.眼睛　6.耳　7.眶下区
8.颈侧区　9.颈背区　10.背区　11.翼区　12.主翼区　13.股区　14.跖区
15.蹼　16.趾区　17.腹区　18.胸骨区　19.颈腹区　20.颊区　21.下喙

图 1-5　浙东白鹅种公鹅

三、生理特点

1. 消化系统的特点

鹅的消化系统由消化管和消化腺两部分组成。消化管由喙、口咽、食道（包括食道膨大部）、胃（腺胃和肌胃）、小肠（十二指肠、空肠、回肠）、大肠（盲肠、直肠）和泄殖腔组成；消化腺有肝脏和胰腺等。消化器官的主要功能是摄取食物、贮存食物、消化食物、吸收营养以及排泄废物。

喙：消化道起始于喙部，喙部色泽鲜艳，呈橘红色，由上喙和下喙组成。上喙长于下喙，质地坚硬，扁而长，边缘为锯齿状结构，上、下喙的锯齿相互嵌合，便于采食青草，在水中觅食时具有滤水保食的作用。

口咽：鹅无软腭，口腔与咽部无明显界限，直接相连。口腔结构较简单，没有齿、唇和颊，仅有舌头，舌头边缘同样为锯齿状结构，便于采食和吞咽。此外，口咽部的黏膜下分布有众多小型唾液腺，这些腺体分泌黏液并通过导管直接排入口咽部。

食道：鹅的食道宽大且具有弹性，起于口咽腔，与气管并行，略偏向颈部右侧，在胸部与腺胃相连。鹅无嗉囊，但在食道后段有功能与嗉囊相似的纺锤形膨大部，具有贮存和软化食物的作用，同时也便于填饲，为生产鹅肥肝提供了条件。

胃：鹅的胃由腺胃和肌胃组成。腺胃又称前胃，呈短纺锤形，位于左、右肝叶之间的背侧，胃壁上布满乳头，分泌胃液。肌胃又称砂囊，呈扁圆形，胃壁由厚而坚实的肌肉构成，两块较厚的叫侧肌，位于背侧和腹侧，两块较薄的叫中间肌，位于前部和后部。肌胃上通腺胃，下通十二指肠，内有一层坚韧的黄色角质膜保护胃壁。鹅肌胃的收缩力很强，是鸡的 3 倍或鸭的 2 倍，适于研磨饲料。若在圈养条件下，需要额外添加沙砾以辅助磨碎。

小肠：鹅的小肠长度约为其体长的 8 倍，分为十二指肠、空肠和回肠。十二指肠长约 40 cm，起始于肌胃，在右侧腹壁形成肠祥，由一降支和一升支组成，胰腺位于其中，胆管和胰管开口于此。空肠较长，长约 130 cm，形成 5 ~ 8 圈肠祥，由肠系膜悬挂于腹腔顶壁，中部有一盲突状卵黄囊憩室，是卵黄囊柄遗迹。回肠短而直，约 15 cm，指系膜与两盲肠相系的一段。小肠的肠壁由黏膜、肌膜和浆膜构成，黏膜内有许多肠腺（除十二指肠之外），这些肠腺会分泌含有消化酶的肠液，肌壁的肌层由两层平滑肌构成，而浆膜则是一层结缔组织。

大肠：大肠由一对盲肠和一条短而直的直肠构成。鹅没有结肠。盲肠呈盲管状，盲端游离，长约 25 cm，比鸡、鸭都长，具有一定的消化粗纤维的作用。

泄殖腔：略呈球形，内腔面有三个横向的环形黏膜褶，将泄殖腔分为三部分。前部为粪道，与直肠相通；中部为泄殖道，输尿管、输精管或输卵管开口于此；后部为肛道，通向肛门。

肝脏：肝脏是体内最大的腺体，呈黄褐色或暗红色，分为左右两叶，不等大，各有一个肝门。其重量从孵化出壳到性成熟增加 30 倍左右。右叶有一个胆囊，右叶分泌的胆汁先贮存于胆囊，然后通过胆管排入十二指肠。左叶分泌的胆汁则直接通过肝管排入十二指肠。

胰腺：胰腺呈长条形，灰白色或淡粉色，位于十二指肠肠袢内。胰腺实质分为外分泌部和内分泌部，外分泌部分泌的胰液经导管进入十二指肠腔，内分泌部则分泌胰岛素等激素。

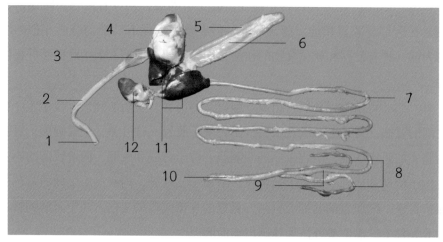

1.咽（食管口）　2.食管　3.腺胃　4.肌胃　5.十二指肠　6.胰腺　7.空肠　8.盲肠
9.回肠　10.直肠　11.肝（左右叶）　12.心脏

图 1-6　浙东白鹅消化系统解剖图

鹅的消化系统特点，促使鹅能更好地消化利用青粗饲料。青草是鹅获取营养的关键来源，它们甚至能够仅通过食用植物来维持生命。鹅之所以能够仅依赖草料生存，归功于其肌胃的强力机械消化作用、小肠对非纤维成分的化学消化能力，以及盲肠中微生物对纤维的分解作用这三种消化方式的协同作用。实际上，鹅是通过频繁且大量地进食来获取必要的营养。鹅不与人争粮、精料消耗少，属于节粮型家禽。因此，在制订鹅饲料配方和饲养规程时，可采取降低饲料质量，增加饲喂次数和饲喂量，来适应鹅的消化特点，提高经济效益。

2. 运动系统的特点

家养鹅已经丧失飞翔能力，但其身体构造仍然保留适应飞翔的一系列形态结构特征。运动系统由肌肉、骨骼和神经组成，神经中枢发出指令，肌肉产生运动力，骨骼发挥杠杆作用。

鹅全身肌肉按部位可分为皮肌、头部肌、颈部肌、躯干肌、肩带肌、翼肌、盆带肌和腿肌。肌肉由较细的白肌纤维、红肌纤维和中间型的肌纤维构成，健康肌肉无脂肪分布。

鹅骨骼的骨密质质地致密而坚硬，且有很多含气空腔，重量轻。幼年鹅大部分骨内有骨髓；成年鹅翼和后肢的部分骨内有骨髓，其余多数骨髓腔内的骨髓被空气代替，成为含气骨。鹅骨在发育过程中主要通过骨端软骨增生和骨化加长，不形成骨骺。浙东白鹅解剖骨架见下图。

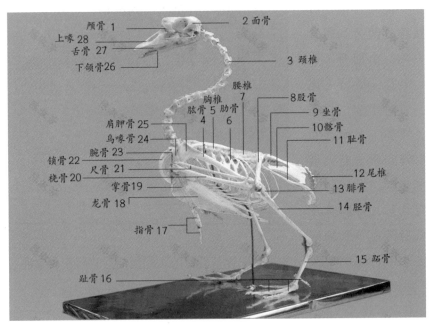

图 1-7　浙东白鹅解剖骨架

3. 呼吸系统的特点

鹅的呼吸系统包括鼻腔、喉、气管、鸣管、肺和气囊。鹅的气管与哺乳动物不同，从气管开始，依次形成初级支气管、二级支气管、三级支气管和毛细气管等。

鹅的肺脏位于鹅的背侧，大部分埋藏于椎肋间。鹅肺扁而小，缺乏弹性，多呈四边形。鹅不同于哺乳动物，其无明显而完善的膈，因此胸腔和腹腔在呼吸机能上是连续的。

气囊是鹅等鸟类动物特有的器官，鹅的气囊一般有 9 个，在呼吸运动中主要起着贮备空气的作用。另外，它还有调节体温、减轻重量、增加浮力等多种作用。

鹅的呼吸运动主要靠肋骨和胸骨的交互活动完成，也就是通过呼吸肌的收缩和舒张交替进行而实现。

4. 泌尿系统的特点

泌尿系统主要由肾、输尿管和泄殖腔组成，其主要功能为排泄。肾嵌于腰荐骨两旁和髂骨的肾窝内，由前肾（头肾）、中肾、后肾（尾肾）三部分组成，长扁平状，质脆，无肾盏和肾盂。肾实质含有大量皮质和髓质，形成肾小叶；肾动脉、肾静脉及肾门静脉等血管和输尿

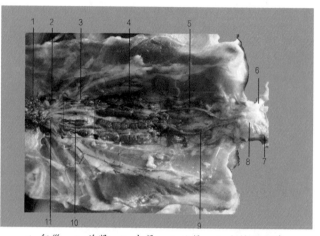

1. 卵巢　2. 前肾　3. 中肾　4. 后肾　5. 左肾输尿管
6. 阴道部　7. 直肠　8. 泄殖腔部　9. 右肾输尿管
10. 肾后静脉　11. 髂总静脉

图 1-8　鹅的泌尿系统

管直接进出肾。由中肾发出一对输尿管，沿肾的腹侧面向后移行至骨盆腔，直接开口于泄殖道，无膀胱，将尿输送到泄殖腔。

5. 血液循环系统的特点

血液循环系统由心脏、血管和血液三部分组成，是一个密闭式管道系统。

心脏是血液循环系统的核心，主要功能是泵血，其收缩和舒张可以推动血液在血管内运行，确保身体各部分获得足够的氧气和营养物质，同时帮助带走鹅体内的代谢产物，从而完成血液循环。鹅心脏搏动频率（心率）比鸡、鸭慢，成年鹅平均心率为 200 次 / 分，雏鹅比成鹅快，母鹅比公鹅快。血管是血液运行的通道，按照血管的结构和功能的不同，可分为动脉血管、静脉血管和毛细血管。动脉血管是运送血液离心的管道，静脉血管是运送血液回心的管道，而毛细血管是连接动脉和静脉末梢的管道，其管腔细、管壁薄、通透性大，血液流速较慢，是血液与组织液进行物质交换的场所。心脏和血管受植物神经支配，基本中枢位于延髓。鹅与哺乳动物不同，在安静的情况下，迷走神经和交感神经对心脏的调节

作用比较平衡。鹅体大部分血管接受交感神经支配。

鹅体内血液总量占体重的 8% ~ 9%，但屠宰时只能放出约 50% 的血液。血液包括血细胞和血浆两部分，血细胞有红细胞、白细胞和血栓细胞；血浆主要是水和溶质，溶质含有无机盐、血浆蛋白、葡萄糖、乳酸、酮体、氨基酸、尿素等。鹅的红细胞呈椭圆形、有细胞核，其体积比哺乳动物大，但数目较少，每立方毫米血液中的红细胞数为 270 万个左右。血红蛋白是红细胞的主要成分，由珠蛋白和血红素结合而成，运输氧和二氧化碳。每立方毫米血液中的白细胞总数为 18 200 个左右，包括异嗜性粒细胞、嗜酸性粒细胞、嗜碱性粒细胞、单核细胞、淋巴细胞等，起防御作用。鹅的血栓细胞形状和大小差异比较大，典型的血栓细胞呈卵圆形，血栓细胞与哺乳动物的血小板相似，主要参与血液的凝固过程，每立方毫米血液中的血栓细胞数量为 30 000 个左右。

四、繁殖特点

公鹅生殖器官包括睾丸、附睾、输精管和阴茎体（交配器官），位于腹腔内，无副性腺。阴茎体位于泄殖腔肛道底唇内侧近肛门处，呈小隆起状，有三个，可用于鉴别雌雄。母鹅生殖器官由发育成熟的左侧卵巢和输卵管组成，右侧退化。输卵管包括漏斗部、膨大部、峡部、子宫部和阴道部。直肠后端形成泄殖腔，用于排粪、排尿和产蛋。见下图。

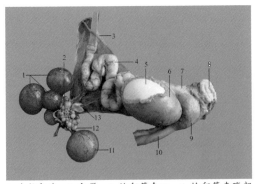

1. 生长卵泡 2. 卵巢 3. 输卵管伞口 4. 输卵管壶腹部
5. 成蛋 6. 子宫壁 7. 阴道部 8. 肛门 9. 泄殖腔粪道部
10. 直肠 11. 成熟卵泡（卵黄）12. 次级卵泡
13. 卵泡带开口

图 1-9 母鹅生殖器官

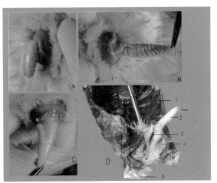

A. 阴茎自然状态 B. 阴茎伸直状态
C. 阴茎腹侧 D. 泄殖腔剖面
1. 腹壁肌 2. 阴茎 3. 粪道口 4. 泄殖腔黏膜 5. 尾部 6. 左侧睾丸 7. 右侧睾丸

图 1-10 公鹅生殖器官

　　浙东白鹅是短光照繁殖鹅种，开产日龄早，120 ~ 135 日龄开始产蛋，蛋壳白色。母鹅年产蛋 3 ~ 4 窝，每窝 9 ~ 12 枚，年产蛋 28 ~ 42 枚，初产蛋重在 110 g 以上，7 月龄以后蛋重达到 150 g 以上方可留种。成年母鹅平均蛋重 176.3 g。经产母鹅一个产蛋期为 70 天，其中产蛋时间 20 天，抱窝就巢 30 天，休产时间 20 天。公母比例为 1∶4 或 1∶5。母鹅个体就巢性显著，每产一窝后，会有一个月的抱窝行为出现。母鹅个体间产蛋此消彼长，群体保持了每年从 8 月初到来年 5 月初，长达 9 个月的产蛋阶段。公鹅适配日龄为 280 日龄，母鹅适配日龄为 210 日龄，受精率、孵化率平均在 85% 以上。

　　浙东白鹅的产蛋性能随年龄的增长而逐渐提高，在第三年达到峰值，第四年开始下降，种母鹅的经济利用期为 4 ~ 5 年。

第二节　饲养管理

一、雏鹅饲养管理

提供合理的育雏条件：

1. 温度。雏鹅育雏期温度应以雏鹅感到舒适为最佳。由于育雏温度受到地域、季节差异的影响，饲养者设定的育雏温度是否最佳，应根据雏鹅的表现来调整。浙东白鹅最适宜的育雏温度见表1–1。

图 1–11　育雏室内实景图

表 1–1　育雏期雏鹅所需温度

育雏天数	高温育雏	适温育雏	低温育雏
1～3	29～31℃	27～29℃	22～24℃
4～6	27～29℃	24～26℃	20～22℃
7～10	25～27℃	22～24℃	18～20℃
11～15	23～25℃	20～22℃	16～18℃
16～20	21～23℃	18～20℃	14～16℃
21 日龄以后	21℃左右	18℃左右	14℃以下

注：表中温度是指地面上 20 cm 处的温度。

2. 湿度。湿度和温度对雏鹅健康和生长发育产生同样重要的影响。育雏前期，1 周龄以内的育雏室要保持干燥、清洁，相对湿度应保持在 60%～70%，低温高湿或高温高湿都会严重影响雏鹅的健康成长。

3. 饲养密度。饲养密度对于雏鹅的生长发育有较大影响。密度过大，不仅影响生长发育，也易造成疾病的传播；密度过小，温度不易控制，圈舍利用率低，经济上不合算。雏鹅的饲养密度应随日龄的增长而逐渐减少，同时也要依季节而定，冬季密度可大些，夏季要小些。不同育雏周龄饲养密度可参见表1-2。

表1-2　雏鹅不同育雏周龄的饲养密度（只/平方米）

饲养方式	1周龄	2周龄	3周龄	4周龄
网上饲养	50 ~ 40	30 ~ 20	15 ~ 10	8 ~ 5

二、仔鹅饲养管理

仔鹅又称生长鹅、青年鹅或育成鹅，浙东白鹅仔鹅指29日龄至55日龄的鹅。

仔鹅阶段生长发育好坏影响上市肉用鹅的体重、未来种鹅的质量。这个时期的鹅能大量利用青粗饲料，因此多喂青粗料或进行放牧饲养最为适合，也最为经济。可以根据饲养条件，实施以放牧为主、补饲为辅的饲养方式，以培育出适应性强、耐粗饲、增重快的鹅群，为选留种鹅或转入育肥鹅打下良好基础。如果以肉用商品鹅为饲养目的，也可采用全舍饲养。

图1-12　橘子树下的浙东白鹅仔鹅

三、育肥鹅饲养管理

浙东白鹅育肥有栅上育肥和地面育肥两种方式。

栅上育肥，在距地面60～70 cm处搭起栅架，栅条间距3～4 cm，鹅粪可通过栅条间隙漏到地面上，栅面上可保持干燥、清洁的环境，有利于鹅的肥育。地面育肥，应在地面铺上垫料，在整个育肥期要多次添加、更换垫料，保持干燥。育肥结束后一次性清粪。

图 1-13　放牧中的浙东白鹅

育肥饲养一般采用"先青后精"的方法，开始时可先喂青料，后喂精料。饲料以高能量饲料为主，使育肥鹅尽快积储脂肪。在饲养过程中要注意观察鹅粪的变化，适当调整精、青料的比例。

当育肥鹅达到上等肥度即可上市出售。肥度都达中等以上，体重和肥度均匀，说明肥育成绩优秀。

四、后备种鹅饲养管理

后备种鹅是指70～80日龄以上，经过选种留作种用，且饲养到配种产蛋之前的公母鹅。

在后备种鹅饲养阶段，要以放牧为主、补饲为辅，并适当限制营养。对种鹅进行限制性饲养，目的在于控制体重，防止体重过

图 1-14　圈养的后备种鹅

大、过肥或体型过小、体重过轻，使其具有适合产蛋的体况；机体各方面完全发育成熟，适时开产。加强放牧和增加饲喂青粗饲料，训练其耐粗饲的能力，育成有较强体质和良好生产能力的种鹅；延长种鹅有效利用期，节省饲料，降低成本，达到提高饲养种鹅经济效益的目的。

五、种鹅饲养管理

种鹅是指母鹅开始产蛋、公鹅开始配种繁殖后代的鹅。种鹅的饲养管理一般分为产蛋前期、产蛋期和休产期三个阶段。

种鹅对各种饲料的消化能力很强，生长发育基本完成，生殖系统成熟并有正常的繁殖行为。这一阶段的主要精力是用于繁殖方面，饲养管理的重点应围绕产蛋和配种来开展。种鹅的饲养目标：体质健壮、高产、稳产，种蛋有较高的受精率和孵化率，以完成选种与制种任务，有较好的技术指标与经济效益。

图 1-15　嬉水中的浙东白鹅

做好种公鹅的饲养管理对提高种鹅的繁殖力至关重要。种公鹅的营养水平和健康状况，都会直接影响种蛋的受精率。在种鹅群的饲养过程中，应始终重视种公鹅的日粮营养水平、体重与健康情况。产蛋期间，为了提高种蛋受精率，可每天为每只鹅提供 100 g 发芽谷物饲料、250～300 g 胡萝卜或甜菜，以及 35～50 g 优质干草粉。春夏季节应确保供给充足的青绿饲料。

要定期对种公鹅的生殖器官和精液质量进行检查。性机能缺陷的公鹅在外观上可能不易被识别，有时甚至还表现得很凶悍。在配种前进行公母鹅组群时，应对选留公鹅进行精液质量评估，并检查其阴茎，淘汰有缺陷的公鹅；在配种过程中，也须注意部分公鹅可能出现生殖器官的伤残和感染，以及换羽期间可能出现阴茎缩小和配种困难。及时发现并淘汰性机能缺陷的公鹅，如生殖器萎缩、阴茎发育不良，或者出现性功能障碍，如阳痿、交配困难和精液质量不佳等情况，保证留种公鹅的品质，提高种蛋的受精率。

要注意克服种公鹅的择偶性。有些公鹅还保留有较强择偶性，这样将减少与其他母鹅配种的机会，影响种蛋的受精率。在这种情况下，公母鹅要提早进行组群，注意观察，发现某只公鹅与某只母鹅固定配种时，应及时将该公鹅隔离，经过一个月左右，才能使公鹅忘记与之配种的母鹅，而与其他母鹅交配，从而提高受精率。

图 1-16　浙东白鹅公、母鹅（左、右）

第三节　鹅病综合防控

鹅病是影响养鹅业发展的最大障碍。严重危害浙东白鹅生长、生产的鹅病有数十种，按照鹅病性质可分为传染病、寄生虫病、普通病等。传染病是由致病微生物，如病毒、细菌、霉菌、支原体等侵入机体，形成感染，如禽流感、小鹅瘟、副粘病毒、蛋子瘟、浆膜炎等。寄生虫病是由寄生虫寄生于鹅体内、体外，摄取鹅体内营养，造成贫血，引起生产性能下降和大批死亡，如绦虫、球虫、鹅虱等。普通病于鹅而言，主要包括营养代谢性、机械性和中毒性等疾病，如痛风、软骨症、脱肛、中毒等。

浙东白鹅常见的重点疾病有6种，主要是禽流感、小鹅瘟、大肠杆菌病、鹅传染性浆膜炎、禽出败、雏鹅痛风病；常发、散发病有11种，包括烟曲霉菌病、黄曲霉素中毒、霉形体病、坏死性肠炎、副粘病毒病、佝偻病，以及鹅虱、线虫、绦虫、螨虫、球虫病等；新近发现的疾病有4种，有雏鹅脾坏死症、鹅坦布苏病毒病、鹅腺病毒病、鹅肿瘤病等。

在生产实践中，根据统计发现，重点发生的6种鹅病对养鹅生产危害最为严重，占鹅总发病数的86%，其中，传染性浆膜炎占27%、雏鹅痛风病占18%、鹅大肠杆菌病（蛋子瘟）占15%、小鹅瘟占13%、禽出败占8%、鹅禽流感占5%。

据观察，浙东白鹅发病有明显的季节性，一年中出现的两个高峰期，分别是3～5月和11～12月，而6～9月发病率最低。

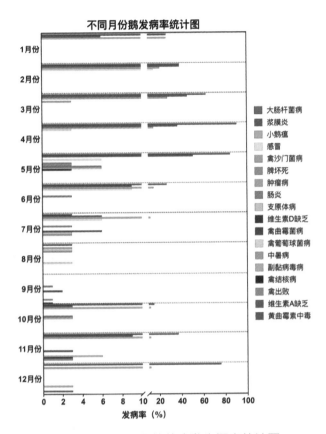

不同月份鹅发病率统计图

图例：
- 大肠杆菌病
- 浆膜炎
- 小鹅瘟
- 感冒
- 禽沙门菌病
- 脾坏死
- 肿瘤病
- 肠炎
- 支原体病
- 维生素D缺乏
- 禽曲霉菌病
- 禽葡萄球菌病
- 中暑病
- 副黏病毒病
- 禽结核病
- 禽出败
- 维生素A缺乏
- 黄曲霉素中毒

发病率（%）

图 1-17 不同月份鹅病发生概率统计图

上述鹅病的症状和防治，在后面章节中均有详细介绍，总的原则是坚持"预防为主、防重于治"，做好以下经常性工作。

图 1-18 技术人员正在剖检病死鹅（左、右）

1. 严格有效的卫生管理。鹅场应建立各种规章制度，有专门机构及专人管理，严格落实卫生管理措施。进场口设立消毒池，出入鹅场的人员及车辆严格消毒。建立兽医室、检验室、解剖室和尸体处理等必要的设施和设备。场内或周围不能饲养其他家禽、家畜。保持场内清洁、卫生，防止虫、鼠、蚊、蝇的繁殖和蔓延。对鹅场的粪便进行无害化处理，污水可供牧草地循环利用。外来的饲料运送车辆不能直接进入场内，场内需设置专用饲料运输车辆及中转站和缓冲区。

2. 严密完善的防疫检疫。从外地购进雏鹅或种鹅时，必须调查清楚产地的疫病流行情况、鹅群病史及疫苗使用情况。鹅群进场合群前必须实行严格检疫和隔离饲养。检疫的主要内容包括传染病、寄生虫等。

3. 周密科学的消毒制度。建立科学的消毒制度对于养鹅生产至关重要。消毒范围应包括鹅舍、运动场、场内通道、生活区、孵化室、育雏室、储藏室及饲养用具等。在设计和建造鹅舍时，应同时规划并建设进出口通道的消毒池、洗手间和更衣室等。鹅舍内保持干燥，每周至少进行一次喷雾消毒。每批鹅出售后应进行全面彻底的消毒。孵化室应在每批种蛋孵化前后分别进行一次消毒，确保孵化环境的卫生。育雏室在每批雏鹅进入前和离开后，也应进行彻底的消毒处理。整个养鹅场的环境应至少每月进行一次消毒；若发生传染病，应立即进行全覆盖无死角的彻底消

图 1-19　育雏室消毒间

杀。通过这样的消毒措施，可以有效降低疾病传播的风险，保障鹅群的健康，同时也为提高养鹅生产的效率和质量打下坚实的基础。

4. 切实做好预防接种。预防接种是最有效、最经济、最常用的疫病防控措施。要按照免疫程序规范，定期对鹅群进行预防接种，防止传染病的发生和流行。目前容易感染的病毒疾病有小鹅瘟、禽流感、副粘病毒病，细菌性疾病有大肠杆菌病、禽霍乱、传染性浆膜炎（鸭疫里默氏杆菌），应按后续章节介绍的免

疫程序和方法，定期进行预防接种。

5. 合理处理病死鹅尸体。病死鹅尸体如果处理不当，常常造成严重后果。场内应有完善的病死鹅、污水及废弃物无害化处理设施，搞好场内粪污及病死鹅的无害化处理。病死鹅不能随处剖检、自行填埋或随意丢弃。如果出现大批死亡，必须查明病因。需做病原检验及病理解剖的，应及时送医送检；其他要统一收集冷藏，定期送专业的无害化处理公司集中处理。下图象山县南锄生物科技有限公司就是一家从事专业病死畜禽无害化处理中心，全程密闭、高温高压，日均处理能力达 48 吨。鹅场要定期除尘、环境消毒、全面灭鼠，保持场内干净卫生，防止病原微生物繁衍传播。

图 1-20 南锄生物科技有限公司

第四节　鹅场建设

一、鹅场选址

选址首先要符合土地总体规划和相关法律法规要求，符合《中华人民共和国动物防疫法》。

鹅场要求地势高燥、平坦、向阳，地形整齐、开阔，有坡度不大于百分之一的缓坡，占地面积足够大，且留有一定发展余地。供电、供水方便，环境清静，科学、合理布局办公区、饲养区、饲料区、孵化区、消纳区及草场等。养鹅最大的问题是鸣叫噪音，可能给周边居民生活带来困扰，既要考虑交通的便捷性，又要与交通干线保持适当的距离。所以，鹅场选址应距离居民区 1 km 以上，距离主干道 500 m 以上。

图 1-21　谷斯鹅场实景图

水源和草场是鹅场选址的重要因素。要保证水源充足、干净，且取水方便、不受污染。鹅场要就近配套流转牧草地，面积可按 1 万只种鹅配 13 333 m² 牧草地计算。牧草地沟渠要宽而深，一来可以收集鹅场污水，二来可以肥田。运动场宜有一定的斜坡，便于排水，利于干燥。同步规划建设粪污和废弃物处理设施，防止污染周边环境。

二、鹅场建设

鹅场建设要求遮阳防晒、空气流通、光线充足、方便饲养管理和消毒，且与外界隔离，防止外来动物进入。完整的鹅场应包括鹅舍、运动场和水池三个部分。鹅舍因用途不同而分为育雏舍、育肥舍、种鹅舍及孵化室等。

1. 育雏舍：育雏舍一般为饲养 28 日龄以内雏鹅的栏舍。雏鹅绒毛稀少，体温调节能力弱，栏舍以保温、干燥、通风、易消毒为原则，每栋育雏舍可容纳 1 000 ~ 5 000 羽，面积以 100 ~ 500 m² 为宜。育雏舍要充分考虑配套相应的供温设备、运动场所和饮水设施，有一定的采光度。

2. 育成舍：育雏结束后进入育成期，雏鹅羽毛开始生长，对环境适应能力增强。育成舍也可饲养育肥鹅和后备种鹅，其保温要求虽不如育雏舍，但仍需要干燥、平整，便于打扫和消毒。运动场与鹅舍的比例（2 ~ 3）：1。40 日龄之后放牧的鹅，晚上可以在放牧地留宿，不需要搭建鹅棚。

3. 种鹅舍：种鹅舍主要用于产蛋，也称产蛋房，建筑应选择坐北朝南、地势高燥的地方。种鹅舍应按每千只种鹅配 50 m² 场地计算建筑面积，并配套 1 000 m² 的运动场和长 5 m、宽 3 m、深 20 cm 的嬉水池。在种鹅舍四周铺设产蛋窝，位置高出中间地面 6 cm。醒抱栏位于产蛋房旁边，约需 80 m²，分均等三栏。种鹅舍干燥、通风，运动场应有一定面积的遮阳棚，保证种鹅免受酷暑侵扰。

图 1-22　小海鹅场自动伸缩式遮阳棚

图 1-23　种鹅舍

图 1-24　象山白鹅共富工坊

　　种蛋应及时捡拾，避免阳光直射，并保存在专门的蛋库房。胚胎发育的临界温度为 23.9℃，所以种蛋适宜保存温度是 12 ～ 18℃，相对湿度为 70% ～ 80%，通风良好，且保存时间不宜超过 14 天，越早入孵越好。

现代化种鹅场，还可以建设反季节种鹅舍，安装水帘降温系统、通风系统、光照系统等设施，实现有效的光照、温度等人工调控，实现种鹅反季节繁殖，提高种鹅生产效率。

4.孵化室：根据鹅场饲养规模，有条件的话，可以配套相应孵化设备。孵化室应与鹅场距离 150 m 以上，避免来自鹅场的病原微生物横向传播。孵化室应具有良好保温功能，安装换气设备，确保二氧化碳含量低于 0.01%。地面要用水泥硬化，铺设排水沟，利于清扫、排水和消毒。蛋壳表面携带大量病原微生物，做好种蛋消毒对提高孵化率、防止疾病交叉感染至关重要。孵化设备要采购先进的如任氏第四代全自动孵化机，该机采用大角度蛋车、新风环控、触屏控制、节能环保等现代化设计，具有自动控温、自动控湿、自动翻蛋、自动喷水、自动晾蛋、故障检测报警、超温报警、孵化过程监测与记录等功能。经测算，该型孵化机能将浙东白鹅孵化率提高 5%，健苗率提高 2%。

图 1-25 孵化室实景图（左、右）

5.饲料加工与贮藏等设施：养鹅场一般需要配置饲料加工及贮藏室等基础设施，小型鹅场可配备简易饲料原料粉碎机、搅拌机、制粒机等。同时，根据需要相应配置加温、饮水、喂料及碎草机、清洗机、消毒机等生产用具，提高养殖生产效益。

第二章　雏　鹅

0 至 28 日龄的鹅被定义为雏鹅。雏鹅阶段生长速度和饲料转化效率达到一生中的最高峰，尤其是浙东白鹅品种，其体重在 28 日龄时可增长至出生时的 15 倍，料肉比约为 1.5 ：1。由于雏鹅体型小，对外界环境的适应能力弱，抗病力低，如果饲养管理稍有不当，就会对其生长造成不利影响，甚至可能引发疾病或导致死亡。因此，做好雏鹅阶段的饲养管理是实施肉鹅或种鹅科学饲养的关键。

图 2-1　浙东白鹅雏鹅

育雏准备

1. 设施设备检修。育雏前应全面检修育雏舍，修复有破损的门、窗、墙、顶棚等基础设施；调试舍内的通风换气和光照设备，备好养殖笼位、料槽、水槽、臭氧消毒机或其他消毒器具；冬季检查取暖设备是否正常，确保舍内通风、干爽。

2. 育雏舍消毒。舍内臭氧消毒，每 300 m² 育雏室配置 1 台 20 g/h 的臭氧消毒机。臭氧装置应离地面 190 cm 的高度。育雏前 1 天，关闭育雏室门窗，开机消毒 1 h。饲养用具一并放在育雏舍内消毒，舍外可用生石灰进行消毒。

3. 预温。保温是提高雏鹅成活率的关键措施。进雏前育雏舍的温度应达到 25℃以上。温度计悬挂高度应距雏鹅头部 10 cm，并观测昼夜温度变化。

保持适宜的温度是确保雏鹅健康成长的首要条件，它直接关系到雏鹅的体温调节、活动能力、进食、饮水以及对饲料的消化和吸收。刚出壳的雏鹅体温较低，约 39.6℃，直至约 10 日龄时，体温才能逐渐达到成年鹅的 41 ~ 42℃。雏鹅对环境温度变化非常敏感，因此需要密切观察它们的行为并据此做出相应的调整。当环境温度偏低时，雏鹅会靠近热源，蜷缩抱团保暖，并且可能会发出"叽叽"的尖锐叫声。当环境温度偏高时，雏鹅会远离热源，张嘴呼吸，频繁饮水，食欲下降。因此，育雏室的温度管理应遵循以下准则：群小时温度稍高，群大时温度稍低；夜间温度稍高，白天温度稍低；阴天温度稍高，晴天温度稍低；冬天温度稍高，夏天温度稍低。

4. 物资准备。饮水、饲料和复合维生素、葡萄糖粉等物资要提前准备。饮水清洁卫生，可用自来水，河道、湖泊用水需进行消毒。购置好雏鹅专用料、葡萄糖和维生素等，保证整个育雏期饲料供应充足、饲料种类及饲料质量稳定。在整个育雏期，每只雏鹅需饲料 3 kg 左右。

0 日龄

外貌特征

刚刚破壳的雏鹅，平均体重为 110 g 左右，呈元宝状，全身绒毛黄色、湿润，喙、跖、蹼橘黄色，头大，眼睛圆而有神、时开时闭，叫声低沉，时动时静，抱团取暖。稍后挣扎起身，步履蹒跚，开始伸颈张望。

图 2-2　孵化啄壳、出壳中（左、右）

生理特点

出壳 24 小时内，雏鹅依靠吸收剩余的卵黄，保障营养需求和水分，满足生命活动，无须进食。刚出生的雏鹅体质弱，体温调节能力较弱，生命力不强，对外界环境适应能力较差。

管理要点

接雏：雏鹅从出雏机中拣出，

图 2-3　刚刚出壳的实验雏鹅

放在出雏室内，待绒毛干燥后转入育雏室，此过程称为接雏。接雏应分批进行，尽可能缩短雏鹅在出雏室内的停留时间，不要等到全部雏鹅出齐后再接雏，避免早出壳的雏鹅不能及时饮水和开食，导致体质逐渐衰弱，影响生长发育和成活率。

接雏前，装放雏鹅的筐要先清刷消毒，备好垫料。天冷时，需预先准备些棉被、被单等覆盖雏鹅，避免接雏转移过程中冷风侵入受凉。

雏鹅的出壳时间，很难整齐划一，总有一些弱雏姗姗来迟，这就需要人工助产。人工助产，一定要掌握好时间。壳膜颜色变黄，表示尿囊血管已经干枯，是进行人工助产的最佳时间。助产时间过早，尿囊血管尚未干枯，这时强行剥开蛋壳，容易拉断血管，造成大量出血，有害无益。助产时间过晚，胎位不正的鹅胚可能闷死在壳中。雏鹅破壳留下的蛋壳要及时清理，如果不及时拣出，蛋壳很可能套在别的胚蛋外面，影响出壳。

雏鹅出壳后，开始用肺呼吸，需氧量大大增加，因此，必须保证出雏室内有足够的新鲜空气。在室温比较高时，更要格外重视。

此外，还要进行点数分群、抽样称重。按照出壳前后时序，分批转入育雏室。

育雏方式

1. 地面平育　适用于小规模养殖户。育雏前，在鹅舍地面（除饮水、采食区外）铺上干净的垫料，雏龄越小垫草越厚（初生雏鹅一次垫料厚 6 cm），接雏后将雏鹅直接放在育雏舍的垫料上，使雏鹅熟睡时不受凉。鹅舍最好是水泥地面，但不管是水泥地面还是泥土地面，地势都应当高，地面应当干燥，否则垫草易受潮腐烂，影响雏鹅生长，甚至引发疫病。采用泥土地面饲养时，一般应提前几天在地面铺上一层生石灰，待地面干燥后，把生石灰清扫干净，然后再铺上垫料。垫料要求干燥、清洁、柔软、吸水性强、灰尘少，切忌霉烂。常用的垫料有稻草、谷壳、锯木屑、碎玉米轴、刨花、稿秆等。在垫料即将潮湿时，应及时局部或全部增铺垫料，直至垫料厚度达到 20 cm 左右时，可局部或全部清栏，并更换垫料。

图 2-4　地面育雏栏

2. 网上平育。即利用网面代替地面，网的材料可以是镀锌铁丝网，也可以是塑料网，还可用木条、竹条。网面一般距地面 80 cm。整个网面分隔成若干个长 80 cm、宽 60 cm 的小栏，小栏四周用木条固定，用竹条围成栅栏，栅栏高度为 20 cm，其中间挡板不固定。为便于扩大面积，小栏之间的栅栏可以拆除。通常 1 周龄内的雏鹅，每平方米可养 40 ~ 50 只，2 ~ 3 周龄的雏鹅每平方米可养 15 ~ 20 只。网上平育也可采用二层或三层重叠式平育，两层之间设置集粪板，注意上下层的光照需要均匀。

3. 混合育雏。除上述两种方式外，还有将地面育雏与网上育雏结合起来，称为混合育雏。其做法是将育雏舍地面分为两部分，一部分是将地面挖深 60 ~ 80 cm，安装上网片，饮水器放在网上；另一部分是铺垫料的地面，这两部分由水泥斜坡地面连接。混合育雏室有利于舍内清洁卫生、干燥。

4. 自动化育雏。雏鹅自动化养殖是一种高效、科学的养殖方式，通过自动化设备和技术，提高雏鹅的生长速度和成活率，同时也减轻了养殖户工作量。

雏鹅的选择及运输

1. 雏鹅的选择：雏鹅品质的好坏，不仅直接影响雏鹅成活率和生长速度，而且还影响未来种鹅的生产性能。因此，在采购雏鹅时必须把好选择关。

第一，清晰的品种来源。雏鹅应该来自优良品种的健康种鹅群。饲养浙东白鹅品种的雏鹅应来自浙东白鹅的原产地或纯种浙东白鹅父母代种鹅场。为了预防小鹅瘟，应仔细调查小鹅瘟免疫情况，必须选择经过小鹅瘟疫苗免疫的供雏单位生产的雏鹅。

图 2-5　浙东白鹅种质资源场

第二，健全的孵化体系。优质的种蛋，必须在良好的孵化条件下，才能孵化出优质的苗鹅。特别注意孵化厂的孵化设施设备条件、消毒制度的落实情况和孵化管理技术水平等。孵化设施设备条件好、消毒制度健全、孵化管理规范的孵化厂，其孵化的雏鹅才能有品质保证。种蛋存放时间对孵化率影响极大，长期存放的种蛋孵化率明显下降。所以选购雏鹅时，必须选择正规孵化厂。建议购买鹅苗前，要实地考察孵化厂后再选购。

第三，适合的出雏时间。优质苗鹅的基本条件之一是出雏准时。一般来说，种蛋的孵化时间为 30 天，实际上应为 29.5 天，即当天下午入孵的种蛋，应在第 30 天的上午拿到雏鹅。如果拿不到雏鹅，说明出雏时间推迟，雏鹅的质量可能受影响。这种情况一般出现在孵化设施设备没有达到要求，放于孵化机内不同位置的种蛋在孵化期间受热不均，导致不同部位的种蛋胚胎发育不一致。其特征是孵化机内的初生雏鹅从开始出雏至出雏结束的时间延长，一部分出雏时间远大于 30 天。凡推迟出壳的雏鹅一般脐部血管收缩不良，容易在出雏时受到有害细菌的感染。因而挑选雏鹅时应掌握雏鹅的出雏时间，出雏过迟的雏鹅不能选购。

第四，雏鹅个体健康。雏鹅质量好坏直接影响成活率和生长发育。选择方法是"三看一摸"。一看脐肛，选择腹部、臀部柔软，卵黄吸收充分，脐部吸收良好，肛门清洁的雏鹅；大肚皮、血脐、肛门污秽的雏鹅，往往健康状况不佳。二看毛色，绒毛粗、干燥、有光泽；凡是绒毛细小、稀薄、潮湿或者互相粘连、无光泽，表明发育不良、体质差。三看体态，个头大、个体重、躯体修长，站立平稳、两眼有神、抬头挺胸者优先选择；歪头、瞎眼、跛脚、趾爪弯曲或个头弱小者不选择。四触摸，用手轻轻从颈部至尾部触摸雏鹅背，反应敏捷富有弹性；握住颈部将其提起，健康雏鹅双脚挣扎有力，或者将雏鹅仰翻倒地后能迅速翻身站立。

2. 雏鹅的运输：雏鹅母体营养可以维持 24 h，无须进食进水，排泄物较少，这为航空或其他长途运输提供了最佳"窗口期"。雏鹅运达目的地的时间为雏鹅出壳后 24 h，正好为雏鹅可以饮水、开食的时间，这是最稳妥的安排。雏鹅箩应选择塑料箩，一般长 40 cm、宽 30 cm、高 25 cm，箩底垫上柔软的稻草等垫料，每箩装雏鹅不超过 50 只。运输工具应选择具有控温通风功能的箱式车辆。冬天运输要做好保暖，车厢温度要达到 26℃，但不能密不透风，以免雏鹅热应激而引起感冒或影响生长发育。长途运输过程中还要注意定时观察雏鹅情况，如发现过热或过冷，应及时处理。雏鹅到达目的地，须进入育雏室静止休息 1 小时后，方可饮水、开食。

疫病防控

主要是环境卫生消毒，包括孵化室、孵化器、出雏室及其附属设施设备的消毒。消毒效果受孵化室整体设计的影响，如果整体设计不合理，一旦某个环节被污染，会造成传染病病原的交叉传播。在孵化室的通道上，通常要设洗澡间、更衣室、消毒池，工作人员进入孵化室必须清洗、更衣、换鞋、消毒、戴口罩和工作帽。在雏鹅接雏后、上蛋前，都必须进行全方位、无盲区的彻底消毒，包括所有设施设备（如孵化器、蛋盘、出雏盘、推车、雏鹅箩、蛋箱、门窗、墙壁、地面等）。

鹅言鹅语

经过 30 天的孵化，我终于破壳而出，惊喜地来到这个美丽的世界。我拼尽了洪荒之力，需要好好休息一下。外面的光线好亮，我的眼睛在努力地适应中。虚弱的我还在学习用肺呼吸，学习走路。我和小伙伴们互相挤在箩筐里，慢慢适应着外面的世界。蛋，从外打破是食物，从内打破才是崭新的生命哦！

图 2-6　出壳中的雏鹅

1 日龄

外貌特征

经过 1 天的排泄消耗后，平均体重减少至 100 g 左右。合格的雏鹅能站立行走，健壮活泼，眼睛炯炯有神，体躯呈元宝状，臀部柔软，脐部无出血或干硬突出痕迹，脚高而粗壮，趾爪无弯曲损伤，绒毛干燥、光亮，叫声响亮。

图 2-7　1 日龄雏鹅

生理特点

1 日龄雏鹅体温调节机能较弱，基础体温 39.6℃，低于成年鹅体温（41 ～ 42℃）。雏鹅胆小，易受外界环境惊扰而扎堆，因应激而生病。雏鹅出壳 24 小时后，当能走动、伸颈张口、有食欲时，就应及时饮水、开食。

管理要点

1. 分群。雏鹅转入育雏室后，应根据出壳时间的早迟、体质的强弱和体重的大小，把强雏和弱雏分别挑出，分类组成小群饲养。特别是弱雏，要放在靠近热源附近的区域（即室温较高的区域）进行饲养。弱雏最好采用厚垫料饲养，这样

可闭合不良的弱雏，在垫料作用下使脐部尽早愈合，有利于提高成活率。雏鹅以
1 000 ～ 1 500 只为一大群，以 20 ～ 25 只为一小群进行饲养。每平方米育雏密度
为 40 ～ 50 只。0 ～ 5 天育雏室适宜温度保持在 25 ～ 28℃，湿度 60% ～ 70%，
全天 24 小时光照。

图 2-8　分装在箩笼中的雏鹅

　　2. 先开水、后开食。雏鹅开食的基本原则是"早饮水、早开食，先饮水、后
开食"。开水最好饮自来水或 0.1% 高锰酸钾水或 5% 的葡萄糖水，长途运输后
的雏鹅水中加入适量的维生素 C，水槽中加切碎的少量青草。饮水后 1 小时左右
就可以喂食。传统地面平养开食时，将饲料撒在油布或塑料布上，同时放上切碎
的青草，要撒得均匀，边撒边吆喝，调教采食，也可用料桶开食。对不会自动走
向料槽的弱雏，要耐心引诱它去采食，使每只雏鹅都能吃到饲料，吃饱而不过
量。饮水器要放置在料槽的旁边，便于随时饮水或清洗口腔。首次喂食的饲料要
求"不生、不硬、不烫、不烂、不粘"，一般用全价配合饲料（以下简称精料）
加青绿饲料（以下简称青料），青料需要人工切碎。1 日龄每羽采食量：精料 8 g，
青料 12 g。为了均衡营养，要求在开食时就喂精料，喂料最好是颗粒饲料的破碎

料，而不喂米饭、粉料或其他单一料。现代养殖中水与饲料都放在笼外，笼内保持干燥、干净。

疫病防控

初生雏鹅的免疫力来自母源抗体，母鹅免疫接种对雏鹅早期健康具有重大影响。对母鹅未接种小鹅瘟弱毒疫苗的，在雏鹅毛干后，及时注射雏鹅用小鹅瘟疫苗 0.5 mL；也可用小鹅瘟免疫血清，每只雏鹅皮下注射 0.5 ~ 0.8 mL 或卵黄抗体 1 mL 进行预防。

鹅言鹅语

破壳第一天，我不吃不喝，全靠母体蛋黄供应能量。24 小时后，开始从外界摄取食物。主人要记得先给我们喂水再喂食哦！我的眼睛看不清楚，最好在水里和饲料上放些青绿色的草。比起前一天，我们不再那么羸弱，迅速学会了站立和行走，但我们还是很稚嫩，需要主人的细心呵护。

2 日龄

外貌特征

体表金黄色绒毛柔顺蓬松、洁净有光泽，头顶的毛黄色深度高于其他部位。跖、脚蹼颜色呈橘黄色，喙的颜色黯淡。能追逐跑动，双眼突出有神，鸣声清脆响亮，头颈高抬。平均体重达到 123 g。

生理特点

雏鹅体温高、呼吸快、新陈代谢旺盛、需水量大、生长发育速度快，但消化道容积小，

图 2-9 2 日龄雏鹅

消化能力较弱。因此需要保证自由采食饮水，不能断水断粮。2 日龄雏鹅每只采食量：精料 14 g，青料 21 g。日均每只鹅的粪便为 29 g 左右。

管理要点

一看。观察、检查雏鹅的精神状态、吃料情况及粪便形状。雏鹅在正常的舍温条件下，能均匀分散地活动或睡觉休息。如雏鹅出现扎堆，说明舍内温度过低，应及时调整温度，否则易出现扎堆现象或受凉发生感冒。计算吃料量来确定

雏鹅吃料情况，弱雏鹅未吃到料的应通过人工辅助，引导其吃料。观察雏鹅粪便是否正常，若出现拉稀或白色粪便应及时治疗。

图 2-10　暂养室里的雏鹅

二查。检查育雏室的保温情况。特别在冬天，育雏室是否有贼风侵入，室内温度、湿度是否达到要求（温度 25℃左右，湿度不高于 70%），空气是否新鲜，热源供应设备是否正常运行，如果出现异状或设备损坏应及时调整或进行抢修。育雏室可在中午适时通风 1～2 h。检查雏鹅脐部是否吸收完全，将吸收不完全的雏鹅挑出另外饲养，在垫料上铺些干净的布料，便于完整吸收。

三喂。雏鹅采食量增加，按照需要量适当增加饲料，鲜嫩青料应根据条件尽量满足雏鹅的需要。

四洗。做好育雏室内外的清洁卫生工作，清洗饲料槽、饮水槽，保持垫料干燥。

疫病防控

该日龄雏鹅首先要做好鹅传染性浆膜炎的防控工作。采用浆膜炎疫苗 0.3 mL

翅膀下背部或颈背部皮下注射，每打完一栏，针头必须更换 1 次，防止交叉感染。

其次，要为雏鹅准备一些常用药品，如小鹅宝、复合维生素 B、维生素 C，特别注意预防小鹅瘟的发生。

最后，做好育雏舍及相关设施、环境的卫生消毒。要求每天清扫地面粪污，避免用水冲洗，保持地面干燥。发现病雏及时隔离，死雏必须深埋、烧毁或集中无害化处理，防止病原扩散传播。

鹅言鹅语

经过第一天的体重下跌，我开始埋头猛吃，特别喜欢啄食青料。主人说我肉眼可见地迅速长大。我越来越机灵，在栏里跑来跑去，和小伙伴互相追逐打闹玩耍。我天生好玩，如果能在够得着的地方捆绑绿色的尼龙绳，那将是我最喜欢的玩具！但尼龙绳不能过长，一旦误食进入腺胃，极易与菜叶缠绕而无法自拔，导致死亡。

3 日龄

外貌特征

3 日龄的雏鹅外貌和雏鸭相似，头顶上出现稀疏的毛，脖子以上毛色偏暗，身上覆盖着淡黄色的胎毛，蓬松柔软，一对小翅膀紧贴背部，藏在绒毛里，喙、跖颜色呈橘黄色，脚蹼颜色偏暗淡。体重快速增长，平均体重达到 145 g。

图 2-11　3 日龄雏鹅

生理特点

3 日龄的雏鹅食道尚未形成明显的食管膨大部，贮存饲料的容积很小。消化器官还没有经过饲料的刺激和锻炼，肌胃的肌肉尚不发达，磨碎饲料的功能很差，消化道短，只有体长的 2 倍，消化机能仍不健全。因此，此日龄雏鹅仍然要提供优质且易消化的饲料，青料最好提供高质量切碎的嫩草。3 日龄雏鹅每只采食量：精料 20 g，青料 30 g。日均每只鹅的粪便重量为 50 g 左右。

管理要点

全天候观察育雏温度、湿度是否适宜。早、中、晚观察雏鹅状态，包括精神、动作、呼吸、排泄等方面是否有异常，特别注意观察有无聚堆、喘气异常情况。观察和发现有无眼眶周围潮湿的症状、死亡等情况，死亡的及时挑出处理。

每天更换饮水 1 次，观察鹅体是否被水弄湿，适度调整水位高度。可以在水中添加葡萄糖、维生素和乳酸菌等，让肠道更加健康。育雏鹅采用不定时喂料，每天添喂料 2 次，早上添喂青料和精料，晚上添加精料，尽量使每只雏鹅采食均匀。全天 24 小时光照，并确保饮水清洁和饲料型号正确。

疫病防控

常见疾病及其防治——曲霉菌病

病因：该病是由烟曲霉菌引起的一种霉菌性疾病，也称曲霉菌性肺炎，主要侵害雏鹅，3～12 日龄易感性最大，多呈急性发作，潜伏期 48 h 左右，病程 3～5 天，死亡率为 50% 左右。本病传播途径是呼吸道和消化道。在育雏期，因饲养管理不善，密度高，温差大，湿度高，通风不良，饲料或者垫料发生霉变都可诱发本病。

临床症状：病鹅呼吸加快，不时发出摩擦音，张口吸气（右图）时颈部气囊明显胀大，呼吸如同打喷嚏样。当气囊破裂时，呼吸发出尖锐的"嘎嘎"声。有时闭眼伸颈，张口喘气；体温升高，精神萎顿；眼鼻流液，有甩鼻涕现象；食欲减退，饮欲增加，迅速消瘦。病程后期出现呼吸困难，下痢，吞咽

图 2-12　张口呼吸的病鹅

障碍，最后麻痹死亡。病程较长的有时出现霉菌性眼炎。

病理变化：肺脏、气囊发生炎症，气囊和胸腹腔粘连，在肺脏、气囊和胸、腹膜上可见大小不等的浅黄色或灰白色的霉菌斑块或结节，其内容物呈干酪样变化。剖检可见（下一页图）肺脏弥漫性炎症、肺脏肝变。脑炎性曲霉菌病，可见一侧或双侧大脑半球坏死，组织软化，呈淡黄色或淡棕色。

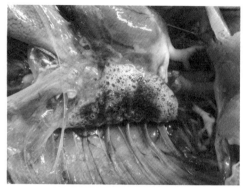

图 2-13　曲霉菌病鹅的肝脏　　　　　图 2-14　曲霉菌病鹅的肺部

根据饲养场养殖模式、饲养管理情况和本病流行特点、临床症状，剖检变化可做出初步诊断，但确诊必须进行实验室诊断。

防治措施

1. 预防：严禁使用发霉垫料和霉变饲料，垫料经过太阳曝晒后使用。育雏室进行臭氧消毒，每天消毒 2 次，早晚各 1 次，每次半小时。保持育雏室清洁、干燥，在确保温度的前提下，加强育雏室的通风，保持空气新鲜。

2. 治疗：一般可用制霉菌素进行药物治疗。每只雏鹅日用 0.5 万 ~ 1 万单位，拌料内服或者喂服，每日 2 次，连用 3 天，停药 2 天，连续 2~3 个疗程，有一定效果，既可预防，又可治疗。另外用硫酸铜水溶液，浓度 1：3 000，饮水内服 3 ~ 5 天，可治疗本病。或用每升水加碘化钾 5 ~ 10 g，饮水内服 3 ~ 5 天。

鹅言鹅语

　　头三天我既怕冷又怕热，没有安全感，最怕挤压和感冒，需要 24 小时光照，室温要刚好。有的主人粗心大意、门窗洞开，小伙伴蜷缩成堆，很容易挤压、踩踏而死。安全度过三天危险期，是提高鹅宝宝成活率的关键哦！

4 日龄

外貌特征

　　身体呈元宝状，眼睛圆且有神，叫声更加响亮，激动兴奋或者受到惊吓时会扑腾翅膀，快速跑开。绒毛比较稀薄，保暖作用较弱。平均体重达到 156 g。

生理特点

　　雏鹅消化系统发育尚未完善，消化道容积小，从采食到排出需 2 小时左右。肌胃开始发育，需要少量砂砾辅助消化食物。4 日龄雏鹅

图 2-15　4 日龄雏鹅

每只采食量：精料 26 g，青料 39 g。日均每只鹅粪便重量为 77 g 左右。

管理要点

　　地面平养可改用饲槽喂料。笼养料槽边高 3 ～ 4 cm，长 50 ～ 70 cm，防止混入鹅粪，污染饲料。鹅具有食草性，在培育雏鹅时要充分利用其生物学特性，每天给雏鹅喂青料，一方面可补充维生素，另一方面可及早锻炼雏鹅对青料的消化能力。当大规模饲养而缺乏青料时，也可在精料中补充复合维生素。不可用老叶、黄叶或腐烂叶喂鹅，尤其是雏鹅。投喂采用"少量多餐制"，1 周龄前，每

天可喂 8 ~ 10 次，其中晚上喂 2 ~ 3 次。有条件的鹅场，青料的饲喂量可从青精比 1 ：1 逐渐增加到 2 ：1。先喂精料再喂青料，防止专挑青料而少吃精料。在日粮中添加青料，开始时最好用幼嫩叶菜类切成细丝喂养。此日龄雏鹅开始适当补充绿豆大小的砂砾帮助消化。

根据雏鹅生长速度的不同，体型有大有小，可进行适当调栏，同时每平方米饲养密度调整为 30 ~ 40 只。

疫病防控

常见疾病及其防治——小鹅瘟病

病因：该病是由小鹅瘟病毒引起的一种急性或亚急性败血型传染病。主要侵害雏鹅，以 5 ~ 15 日龄为高发日龄，也见 2 日龄发病，30 日龄以上的雏鹅很少发生，小鹅瘟一年四季都可发生，但以冬、春季节发病最多。发病率和死亡率均可达到 90% 以上。

临床症状：1 周龄以内的雏鹅感染后，往往为最急性型，不见任何症状即突然死亡。急性型表现为精神不振、缩头蹲伏、羽毛蓬乱、步行艰难，常离群呆立。食欲减退，边采边甩料而不吞咽，继而食欲废绝，严重下痢，排出混有气泡的黄白色或黄绿色水样稀粪。鼻腔分泌物增多，病鹅摇头频繁，口角有液体甩出，喙

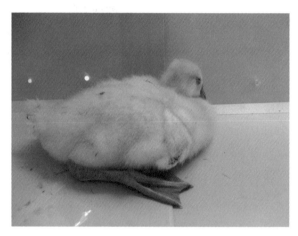

图 2-16 蹲伏不起的小鹅瘟病鹅

和蹼发绀。最后病鹅出现神经症状，全身抽搐或发生瘫痪，直至死亡。慢性感染的雏鹅，其症状以食欲不振、下痢、消瘦和精神萎顿为主，病程 1 周以上，少数可自然康复。

病理变化：最急性死亡，仅见小肠黏膜肿胀、充血，肠腔内充满大量淡黄色黏液。急性、亚急性死亡的雏鹅，在小肠中下段黏膜有炎症，肠黏膜成片坏死、脱落，

与肠内容物和纤维素性渗出物凝固形成灰白色或灰黄色栓子，堵塞肠腔，肠外观膨大，质地坚硬，呈香肠状，这是小鹅瘟病的特征性病变。肝脏肿大、淤血、质脆，呈紫红色或黄红色；脾脏肿大、充血；肾肿大，呈暗红或紫红色；胰脏肿大，呈淡红色，偶见针尖状、灰白色结节；有的腹腔积有黄色渗出液。

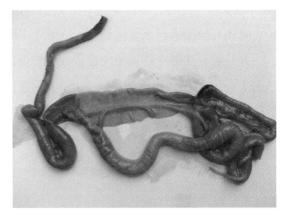

图 2-17 病鹅的肠道病变

诊断要点

从流行特点看：主要发生于雏鹅，以 20 日龄以内的多发，40 日龄以上未见，以冬春季节流行为主，成年鹅或其他家禽均不易感染。

从临床特点看：严重下痢，排出混有气泡的黄白色或黄绿色水样稀粪，病鹅临死前出现神经症状，全身抽搐或发生瘫痪。

从剖检特点看：小肠显著膨大，呈香肠状，内有圆柱状的灰白色假膜凝固的栓子。不过这种典型变化不是每一只病鹅都能看到，因此在检查时应当多解剖几只病鹅，才能做出初步诊断。

防治措施

1. 预防：小鹅瘟为病毒性疾病，一般抗菌药物无效，目前较好的办法是采取综合性防治措施。免疫接种是防治本病最科学、最经济、最有效的手段。具体免疫程序：母鹅开产前一个月左右，每只注射小鹅瘟弱毒疫苗 1 mL。对于母鹅未注射疫苗的，雏鹅出壳后第一天注射雏鹅用小鹅瘟弱毒疫苗 0.5 mL，也可用小鹅瘟免疫血清每只注射 0.5 ~ 0.8 mL 或免疫蛋黄 1 mL 进行预防。

防范小鹅瘟，首先，要制定科学的免疫程序，对种鹅或雏鹅进行免疫接种。其次，要加强种蛋和孵化场的卫生管理，对种蛋进行消毒处理，做好圈舍的卫生和消毒工作。最后，要定期检查雏鹅的健康状况，发现疑似病例及时隔离和治疗，对病死雏鹅进行无害化处理。

2. 治疗：注射小鹅瘟免疫血清或免疫蛋黄是治疗本病的最佳办法，每只雏鹅注射 1 mL。病情严重的，可隔 3 ~ 5 h 重复注射一次，效果较好。饲料中可添加抗病毒或提高免疫力的中药制剂，可起到辅助治疗的作用。

鹅言鹅语

婴幼时期的鹅宝宝，免疫能力 100% 来自母体遗传。小鹅瘟就是"夺命杀手"，鹅宝宝们谈"瘟"色变。有的主人不讲科学，误以为给妈妈打疫苗会带来应激反应，减少产蛋率，从而不愿意给妈妈打针。殊不知妈妈不打针，宝宝要吃苦，一发病就无药可救。眼看着兄弟姐妹夭亡过半，我们伤心不已，主人后悔不已。

5日龄

外貌特征

雏鹅身上的绒毛为雏羽绒，相对前几天，5日龄雏鹅的雏羽绒更加密集、柔顺、光泽、蓬松。喙、跖、蹼颜色为橘黄色。行走步伐逐渐稳健，对外界事物反应敏捷。体型增大，体重增加，平均体重达到190 g。

图2-18　5日龄雏鹅

生理特点

雏鹅体温高，呼吸快，新陈代谢旺盛，需水较多。5日龄雏鹅每只采食量：精料32 g，青料48 g。日均每只鹅的粪便重量为104 g左右。

管理要点

经过5天的饲养，育雏室内堆积一定量的鹅粪，会产生氨气。特别是在潮湿的春季，或者是在寒冷的冬天，密闭保温、通风不良，温湿度增加都易产生氨气。因此要密切注意育雏室内的氨气情况，做好清粪工作，适当通风，使育雏室保持空气新鲜。

图 2-19　育雏室使用的臭氧消毒机

落实养殖场清洁卫生和消毒制度，定期做好清洁卫生和消毒工作。育雏室内的通道、场地、饲养用具等定期打扫、清洗、消毒，保持清洁、干燥，定期对育雏室进行大面积带鹅全面消毒。

同时，要经常观察雏鹅的神态、吃料、粪便等情况，特别注意粪便中白色粪便所占的比例，如果超过三分之一，应注意调低饲料中蛋白质含量，或者添加青饲料，预防痛风发生。

疫病防控

常见疾病及其防治——雏鹅痛风

病因：该病也叫尿酸盐沉积症，是由多种因素（星状病毒）引起的一种营养代谢性疾病。以尿酸盐在内脏、皮下组织和关节腔内沉积为特征。根据尿酸盐沉积的部位，可分为关节型和内脏型。关节型以尿酸盐沉积于关节，主要表现为关节肿胀，跛行或无法站立等症状，呈散发和慢性发作。内脏型以尿酸盐沉积于内脏器官为特征，多为急性发作，死亡率高。雏鹅痛风病让广大养鹅户愁煞，发病死亡率高达 50% ~ 60%。

临床症状：病鹅主要表现为精神萎靡，食欲下降，饮水量增加。羽毛湿润紧贴皮肤，且杂乱无光泽。有些排白色黏稠粪便，有的严重腹泻。关节型病雏鹅表现为腿部关节肿胀，行动迟缓，站立不稳，跛行，最后卧地不起，衰竭死亡。

图2-20　痛风病死雏鹅

病理变化：无论是内脏型或是关节型痛风病死鹅，剖检都可见干酪样白色尿酸盐结晶。内脏型病死鹅，在皮下结缔组织、胸腹膜表面有大量白色尿酸盐沉积；胸腹腔内，在心脏、肺脏、肝脏、脾脏、肾脏各器官表面可见大量白色尿酸盐沉积，特别是肾脏呈菜花样肿胀。胰腺明显出血。关节型病死鹅，关节外观肿胀，切开关节，可见关节腔内有白色尿酸盐沉积。

诊断要点

从流行特点看：主要发生于5～12日龄雏鹅，最早可见于3日龄雏鹅，15日龄前后为死亡高峰期。病毒性痛风主要传染源是患病鹅和带毒鹅，及其羽毛、排泄物、污染的饲料、栏舍等接触物，一般认为主要通过消化道、呼吸道传播，即粪-口传播。

从临床特点看：主要表现为精神萎靡，口渴，饮水量增加，行走无力、跛行，不愿走动，拉白色黏稠粪便。

从剖检特点看：心、肝、肺、肾、脾、关节以及胸腹膜和皮下结缔组织都有不同程度的尿酸盐沉积。

图 2-21　心脏表面覆盖尿酸盐

图 2-22　大量沉积尿酸盐形成的花斑肾

**防治措施**

近年来，雏鹅痛风呈短期内大范围流行的趋势，对生产效益造成了较大的影响。鹅是食草性家禽，消化粗纤维的能力强，日粮中需要一定数量的粗纤维。许多养殖人员防疫意识淡薄，饲养管理不善，为了追求快速生长及短期经济利益，拼命地改变鹅的食草天性，过量饲喂高蛋白饲料，导致雏鹅痛风多发。合理的日粮配方、科学的饲养管理和完善的防疫体系是控制雏鹅痛风的关键。

1. 预防：要注意饲养方式，控制蛋白饲料的摄入，少喂或不喂动植物蛋白，特别是豆粕和鱼粉。主饲玉米粉，加大青料量，增加维生素和矿物质的添加量，提高机体抵抗力。鹅星状病毒是常在病毒，健康鹅和患病鹅几乎都携带这个病毒。主要是种鹅通过垂直传播的方式将病毒传播给鹅蛋，再到雏鹅。因此，雏鹅病毒性痛风的预防，首要任务就是要加强对孵化场所、孵化设施设备、种蛋等进行严格消毒，以防早期感染。要加强种鹅的精细化管理，净化星状病毒。星状病毒也可通过粪–口途径水平传播，在养殖过程中应加强饲养管理，及时清理粪便，并定期用聚维酮碘溶液，对场所进行消毒，可有效预防本病的传播。用臭氧机消毒，100 m² 的鹅舍使用 1 台 10 g/h 臭氧装置，每天开机半个小时即可杀死病毒。加强饲养管理，勤换垫料，保持适宜的温湿度，保证良好的通风，提供充足干净的饮用水，投喂新鲜草料。此外，尽量减少应激反应的发生。

目前比较成功的预防方法是在雏鹅第 5 天时使用杜仲中药水溶液，具体剂量：100 mL 杜仲溶液加入 50 kg 水中饮服，连用 5 天停 5 天，接着用同样的方法再用

2 次，效果很好。

2. 治疗：目前对于该病尚无有效的疫苗或特效药。治疗过程中禁止使用各种抗菌素，主要根据患病雏鹅的临床症状进行对症治疗。在饮水中加入小苏打和葡萄糖粉，即 5 kg 饮用水添加 50 ～ 100 g 小苏打和 20 g 葡萄糖粉，连用一周，有一定的效果。病死鹅必须进行深埋或焚烧等无害化处理，发病鹅隔离饲养。

鹅言鹅语

成长中的鹅宝宝，贪吃贪玩又贪睡，但一定要给我喝干净的清水，吃新鲜的饲料，加点青草当水果就更美味了！吃饱了就睡觉，睡眠时间 18 小时左右。我喜欢安安静静地睡觉，讨厌人们频繁打扰，等我睡饱了再跟你玩。

6 日龄

外貌特征

雏绒逐渐浓密，头顶毛色依然暗淡，但脖子变长、出现白毛，头上细毛变长，鼻子和脚蹼变粉色，指甲变长，腿变粗而有力。褪去出生时的稚嫩，元宝型体态逐渐舒展。平均体重达到 228 g。

生理特点

图 2-23 6 日龄雏鹅

雌雄雏鹅的外形和羽毛非常相似，性别鉴定较难。雏鹅雌雄鉴别，主要是肛门鉴别法，此法又分为翻肛法、捏肛法和顶肛法。翻肛时轻轻抓住雏鹅，握于左手掌中使其仰卧，用左手的中指和无名指夹住颈口，使其腹部朝上。用左手拇指轻轻压住泄殖腔的前缘，食指将尾根向后翻。然后，用右手的拇指和食指放在泄殖腔两侧，用力轻轻翻开泄殖腔。如在泄殖腔口见有螺旋形的小突起（阴茎的雏形）即为公雏；如在泄殖腔口不见螺旋形的突起，只有三角瓣形皱褶，即为母雏。有经验的孵房师傅还可以用捏肛法鉴别，手指轻轻在肛门部位摩挲，感觉有小芝麻状凸起的是公雏，没有则是母雏。

6 日龄雏鹅每只采食量：精料 38 g，青料 57 g。日均每只鹅的粪便重量为

120 g 左右。

图 2-24　翻肛法鉴别雏鹅雌雄

管理要点

　　饲料中青饲料和配合饲料比例为 3 ：1。每天添喂料 2 次，上午、晚上各 1 次。尽量一次性添足饲料，不影响雏鹅休息。保证饮用水充足，可加入复合维生素，或按照 1% 浓度小苏打溶液，连续饮用一周。注意通风，冬季防止贼风或穿堂风直吹。

　　育雏室温度可适当下调 1 ~ 2℃至 23 ~ 24℃，湿度 60% ~ 70%。温度下降的快慢应视雏鹅的体质强弱和育雏季节而定，体壮的下降快一些，反之则慢些。育雏温度控制的原则：在白天雏鹅活动、采食、饮水时的舍温可比适宜温度稍低，夜间雏鹅休息时的舍内温度可比适宜温度稍高，这对白天增加雏鹅活动量，夜间保持雏鹅的正常休息均有利。切忌白天雏鹅活动时的舍内温度高于夜间休息时的舍内温度。

疫病防控

育雏室的消毒。雏鹅抵抗力弱，在育雏阶段易患各种传染病。因此，育雏室的消毒与孵化室一样至关重要。育雏室的进出口设立消毒池、洗澡间、更衣室，工作人员进出必须严格消毒，并戴上工作帽和口罩，防止带入病菌。

凡事预则立，不预则废。养鹅要牢固树立"预防为主、防重于治、防重于养"的观念。防鹅病，重点在于科学饲养管理，肉鹅的健康是养出来的。一旦爆发某种疾病，不仅用药比较困难而且费工、费钱，经济损失往往在50%以上。养鹅的根本目的是为人们提供健康、安全的鹅肉或蛋，同时让养殖户获取一定的经济效益，这就要求我们保证鹅的健康。

运用科学的饲养管理方式，落实综合防疫措施。实现健康养殖、生态养殖、标准化养殖的方式，实行封闭式管理方法。良好的空气质量，合理的密度通风，并建立科学的免疫程序、消毒制度、疫病监测制度，废弃物进行无害化处理。

7 日龄

外貌特征

出生一周的雏鹅，全身黄色绒毛纯正、清洁而有光泽。颈部阴面毛色开始泛白，黄白相间，头上绒毛坚挺。脚蹼强健有力，活泼好动。伸颈张望，抬头挺身，警惕性提高，叫声响亮。平均体重达到 265 g。

图 2-25　7 日龄雏鹅

图 2-26　雏鹅的翅膀变化

图 2-27　雏鹅的脚蹼变化

生理特点

7 日龄雏鹅消化道逐步得到发育，消化功能也不断增强，每只雏鹅采食量增至：精料 44 g，青料 66 g。日均每只鹅的粪便重量为 120.4 g。雏鹅对温度仍然敏感，最适温度为 22 ~ 24℃。室温过高，雏鹅张嘴喘气，羽毛潮湿（俗称"吃热出汗"），相互啄羽，体质变弱，抗病力差，易患感冒；室温过低，雏鹅拥挤，严重时挤压成堆，轰开后，又重新扎堆，极易造成压伤和死亡，或引起感冒；室温适宜，三五成群，静卧无声，毛色干净漂亮。

管理要点

进行第一次分群。按照雏鹅大小、强弱进行分群饲养，避免雏鹅大欺小、强欺弱，有利于雏鹅生长发育均匀。饲养密度调整为每平方米 20 ～ 30 只。

图 2-28　雏鹅啄食青草

温度控制：在 7 日龄分群的雏鹅，育雏室温度可稳定在 23 ～ 24℃，以免环境变化过大而影响雏鹅生长。

育雏分为高温、低温和适温三种方法。高温育雏，雏鹅生长快，饲料报酬高，但体质较弱，且保温成本较高。低温育雏，雏鹅生长较慢，饲料报酬低，但体质强壮，对饲养管理条件要求不高，相对成本较少。适温育雏，是介于高温和低温之间，从目前饲养效果看，以适温育雏最好，其优点是温度适宜，雏鹅感到舒服，发育良好且均匀，生长速度也较快，体质健壮。推荐适温育雏，不易吃热、不易发病。

疫病防控

雏鹅饲养至 7 ~ 10 日龄时，可进行鹅副粘病毒灭活疫苗防疫，颈背部皮下注射 0.5 mL。不能随意添加抗生素药物，否则会损伤肝肾。

浆膜炎二次免疫，采用浆膜炎疫苗皮下注射 0.5 mL。

每次应注意观察鹅群吃料情况，见微知著、刨根究底、查明原因。如果吃料略增则为正常，相反则鹅群异常。此时应检查鹅粪便，正常鹅粪应为灰褐色并带有一层白霜。如出现黄绿或白色稀粪，说明鹅有发病征兆，应及时采取治疗措施。观察呼吸是否正常，如有打呼噜、流鼻涕、黑眼圈等现象，都必须立即采取防治措施。

注意早期观察，及时诊断，减少损失。一方面需要采取正确的治疗方案，减少损失；另一方面通过正确诊断，知道同日龄前后的鹅容易感染的疾病，下一批就可以有针对性地采取正确的预防措施，使同样的鹅病少发生或者不发生。

鹅言鹅语

一周啦！我在温室里茁壮成长，比初生期硬朗很多。我吃饭时必须用三样东西下饭——草、水、沙子。我是严格的大素食主义者，从不吃荤沾腥，像其他家禽喜欢吃的蚯蚓，我只会把它当成绳索玩具。我的食物其实很简单，像青草、稻谷、麦子等。我对口渴特别敏感，常常频繁饮水。

链接与分享——鹅的起源

浙东白鹅是中国家鹅优良地方品种之一，主要分布在浙江宁波、绍兴、舟山等浙东地区，祖代种鹅集中饲养在宁波象山半岛。

中国家鹅大多由鸿雁驯化而来，属于鸟纲雁形目鸭科雁属鹅种，按羽毛颜色有白鹅、灰鹅之分。西方家鹅则起源于灰雁。中国鹅头部有明显凸起的肉瘤，鹅颈较长，略呈弓形；而西方鹅头浑圆无瘤，颈略短而直。

图 2-29 一野生鸿雁飞入象山种鹅场

鸿雁是大型水禽，分布于亚欧大陆及非洲北部，栖息于开阔平原和平原草地上的湖泊、水塘、河流、沼泽及其附近地区。在中国主要繁殖于东北，迁徙途径为东部至长江下游。江西鄱阳湖是迄今发现的世界上最大的越冬鸿雁群体所在地。鹅的祖先警惕性强，行动极为谨慎、小心。性喜集群，常三五或数十成群一起休息和觅食，喜欢在水中嬉戏、觅食和配种。

中国最早有关养鹅生产的文字，始见于西汉桓宽《盐铁论》记述的"今富者春鹅秋雏"，距今已有 2 200 多年历史。安阳殷墟出土的家鹅玉雕，则说明我国养鹅史至少在 3 000 年以上。

8日龄

全身羽毛颜色稍变浅、变淡，脖子下方颜色较白，头顶颜色仍偏黄，翅膀出现褪毛现象，喙、跖、蹼颜色少许加深。两腿变粗有力，整个身躯变长，元宝型开始倾斜。平均体重达到310 g。

图2-30　8日龄雏鹅

生理特点

雏鹅对湿度敏感，若空气中湿度过高，环境潮湿，羽毛肮脏，则易得疾病；湿度过低，则易出现脚趾干瘪、精神不振等轻度脱水症状。8日龄雏鹅每只采食量：精料50 g，青料78 g。日均每只鹅的粪便重量为167.1 g。

管理要点

一观。每天早上要观察雏鹅饲料槽内的剩余饲料多不多，剩余的是精料还是青料？要根据雏鹅吃料及生长情况，调整饲料量或精青饲料比例。

二感。观察育雏室温、湿度情况，特别是湿度不宜过高，否则育雏室内细菌过量繁殖，容易导致雏鹅发病。

三清洁。在育雏室内的通道、场地打扫卫生时，不要用水冲洗，否则会导致室内湿度过大。按规定进行定期彻底消毒。

育雏室重地，禁止闲人进入。如有必要进入时，须经门岗更衣、换鞋，并经消毒室消毒后方可进入。

疫病防控

常见疾病及其防治——鹅副粘病毒病

病因：该病是由副粘病毒引起的一种急性病毒性传染病。不同品种、不同年龄的鹅都具有较强的易感性，且日龄越小，发病率、死亡率越高，常发生大批死亡，死亡率可达 90% 以上。本病流行没有明显的季节性，常为地方性流行，给养鹅业造成严重的经济损失，是目前鹅病防治工作的重点之一。

临床症状：本病以消化道和呼吸道症状表现为主，患鹅精神萎顿、缩头垂翅，呼吸困难，少食或拒食，口渴喜饮水，排白色或黄绿色稀粪。眼睑周围湿润、流泪。行走无力，或不愿下水，或浮于水面随水漂流。种鹅停止产蛋。患病后期，有的鹅出现明显的神经症状，表现为扭颈、转圈、仰头、劈叉。雏鹅发病时，有甩头、咳嗽等呼吸道症状。病程一般 5 ～ 6 天。

病理变化：病鹅一般脱水、消瘦，眼球下陷，脚蹼干燥。肝脏肿大、淤血，表面有散在性灰白色坏死灶，胆囊扩张，胆汁充盈。脾脏肿大，并有散在性灰白色坏死灶。肺淤血、充血、水肿。腺胃乳头出血，肌胃角质膜下出血。肠道黏膜出血，空回至直肠黏膜有浅黄色隆起的痂块，盲肠、盲肠扁桃体肿大出血或有结痂、溃疡病灶。有神经症状的病例，脑充、出血或水肿。

诊断要点：可根据病鹅脱水、消瘦、饮水量增加、拉稀和神经症状，以及肠道黏膜出血、坏死、溃疡、结痂等特征，做出初步诊断。

图 2-31　副粘病毒之肝脏病变

图 2-32　副粘病毒之脾脏病变

防治措施

预防：对发生过的地区鹅群可在 9 ~ 10 日龄用鹅副粘病毒灭活苗每只 0.5 mL 免疫注射。

治疗：可用新城疫、鹅副粘病毒双联免疫血清或卵黄每只注射 0.5 ~ 0.8 mL。无免疫血清或卵黄的可用鹅副粘病毒灭活苗和新城疫 II 系进行紧急免疫，一般免疫 5 天后能控制发病。

鹅言鹅语

鹅宝宝听觉灵敏，生性比较敏感，对外界环境的适应与抵抗能力较差，容易受到声、光惊吓，害怕见到陌生人，特别是穿鲜红衣服的外人或者猫、犬、鼠。我的消化能力较弱，需要青草嫩叶，不喜欢吃草杆、枯叶。要定量采食、少食多餐，主人不要怕麻烦哦！

9 日龄

外貌特征

喙与蹼颜色更粉，头顶细毛变长。体型从元宝椭圆形渐渐变修长型，颈长脚高，尾部微微上翘，整个鹅身像一艘小船。平均体重达到 362 g。

生理特点

雏鹅睡觉最常见的睡姿是下伏，头自然垂下至地面，有的一条腿或两条腿向后伸直，还有俯下，

图 2-33　9 日龄雏鹅

头下垂贴在颈部或胸部打盹。雏鹅消化功能进一步提高，进食量增加。9 日龄雏鹅每只采食量：精料 56 g，青料 90 g。日均每只鹅的粪便重量为 176 g。

管理要点

9 日龄雏鹅育雏室温度保持在 22 ～ 23℃，夏天炎热可脱温，但晚上或天气突变的情况下可适当保温，防止受凉。

雏鹅昼夜添料次数保持 2 次，上午和晚上各 1 次。青料供给良好的鹅场，可适当提高青料比例。保证供给清洁饮水，不能长时间断水，防止雏鹅暴饮而造成水中毒。勤洗料槽、饮水用具，勤换垫料，保持干燥，定时消毒。

常见疾病及其防治——禽流感

病因：禽流感是由 A 型流感病毒引起的禽类传染病，可分为高致病性、低致病性、非致病性。其中，高致病性禽流感是由 H5 和 H7 亚毒株引起的一种人畜共患疫病，属一类动物疫病。本病在不同品种或不同年龄的鹅中都可感染发病，但因禽流感病毒类型的毒力强弱、鹅的年龄大小，发病率、死亡率相差较大，一般死亡率在 5%～35%，严重的可达 90% 以上。本病流行无明显季节性，一年四季均可发生，但以冬春季节和晚秋最易发生。禽流感在各地养鹅区域广泛存在并流行，对养鹅业构成重大威胁。

临床症状：病鹅体温升高、精神沉郁、食欲废绝，仅饮水。咳嗽、流涕、呼吸困难。排白色或绿色稀粪。喙和肉瘤呈紫黑色，脚蹼发绀、鳞片出血。头、面部水肿。眼睛潮红或出血，分泌物增多，甚至瞎眼；产蛋鹅的产蛋率突然下降甚至停产，或产异常蛋。死前出现摇头、曲颈、转圈、瘫痪等神经症状。病程 1 天或 2～3 天不等。非典型症状多发生于 250 日龄左右的鹅，表现为食欲减退、腹泻、哮喘，死亡率低。

病理变化：剖检可见心包膜发炎并有纤维素附着，心包积有黄色液体，心冠脂肪出血，心肌有灰白色条纹状坏死；气管、肺脏出血或淤血；肝脏、脾脏肿大、淤血或出血；腺胃乳头有出血点或出血斑；胰腺表面有出血点或灰白色坏死点，或透明样、液化样坏死灶；肠道黏膜有出血点或出血环，有的肠外表有环状出血带；神经症状严重的病例，脑膜出血，水肿；产蛋母鹅腹腔内积有卵黄，卵巢及输卵管充血、出血，病程较长的患病母鹅卵巢中的卵泡萎缩、卵子变形变性。

图 2-34　禽流感鹅的肠部病变

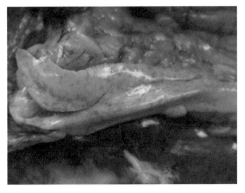

图 2-35　禽流感鹅的胰腺病变

诊断要点

各种家禽均可发病。H5 亚型流感毒株对各日龄、各品种的鹅群均具有高度致病性。流行季节以冬春季为主。

图 2-36　禽流感鹅的脚蹼

从临床特点看：喙、肉瘤和蹼呈紫黑色，眶下窦、颈部前端肿胀，眼睛潮红或出血，分泌物增多，鼻孔流血；排白色或绿色稀粪；母鹅产蛋减少，产畸形蛋。

从剖检特点看：各脏器出血。胰腺表面有出血点或灰白色坏死点，或透明样、液化样坏死灶；心包积液，心肌表面有灰白色条纹样坏死。

综合其流行特点、临床症状和病理变化可做出初步诊断，确诊需进行血清学试验。

防治措施

1. 预防：加强消毒和引种防疫工作是控制本病传入的关键性措施。在加强饲养管理和落实卫生消毒制度的同时，可用禽流感灭活苗预防。雏鹅 10 日龄首免，30 日龄加强免疫 1 次，后备种鹅在 70 日龄和开产前各免疫一次，种鹅每年免疫 3 次。

2. 治疗：本病尚无特效药治疗。一旦发现高致病性禽流感，应向当地畜牧兽医主管部门、动物卫生监督机构或动物疫病防控机构报告，对疫点及时进行隔离、封锁、扑杀，并进行彻底消毒，以免蔓延扩散。

鹅言鹅语

　　一夜之间，我从青涩往成熟方向蜕变，不知不觉褪去懵懂稚嫩模样，渐成翩翩鹅少年。我们不像鸡那样具有明显的形状和色彩的区别，也不像公鸭那样具有典型的"性羽"，单靠羽毛形状或颜色很难识别雌雄。嘘！猜猜我是公主还是少爷? 有的主人用翻肛法鉴别，别提多羞羞，还常常把我弄疼、弄伤，甚至终生不孕。悄悄告诉你一个小窍门：看我的鼻梁骨，鼻子笔挺就是少爷，塌鼻子就是小公主哦！

图 2-37　雏鹅的公母特征

10 日龄

外貌特征

10 日龄的雏鹅，绒毛颜色继续变淡，特别是腹部和胸颈前侧绒毛变淡明显。伸颈昂头，观察四周，胸开始挺起。平均体重达到 415 g 左右。

生理特点

雏鹅体温从出生时 39.6℃ 提高到成年鹅 41～42℃ 的正常水平。消化功能虽然有所提高，但消化道较短，饲料通过消化道的时间较快，平均

图 2-38　10 日龄雏鹅

1.3 小时。能吃能拉，排泄量明显增大。10 日龄雏鹅每只采食量：精料 60 g，青料 105 g。日均每只鹅的粪便重量为 180 g 左右。

管理要点

保证舍内空气清新。雏鹅逐渐长大，排泄物增多，要注意保持育雏室内的空气清新、湿度适宜。如果室内氨气浓度和湿度较高时，要及时开窗通风。

育雏室保持安静，以防应激。要防止狗、猫、老鼠、黄鼠狼、蛇等动物的侵害，尤其是夜间要做好防范措施。

笼养育雏的尼龙绳长短要合适，绳子过长的话容易被雏鹅误吞，如果不能及时发现易导致死亡。

疫病防控

常见疾病及其防治——
雏鹅脾坏死症

病因：该病是近年来新发现的呼肠孤病毒引起的一种雏鹅传染病，又名"花肝病""肝脾坏死症""肝白点病"。此病可发生于 10 日龄的雏鹅，发病率达 50%，死亡率可达 30% 左右；若发生在 3 周龄左右，则表现为出血性坏死性肝炎，发病率、死亡率更高。

图 2-39 雏鹅误吞尼龙绳致死

临床症状：多见于精神沉郁、缩头呆立、羽毛松乱、翅膀下垂、乏力软脚、多蹲伏，采食量下降；腹泻，拉白色或色稀粪等。大群状态尚可，食欲趋于正常，发病率比较低。

病理变化：肝脏肿胀，呈褐红色，质脆，表面有许多细小出血点和灰白色坏死点。脾脏肿胀，色暗红，质硬，呈三角形，有圆点状出血。后期脾脏呈点状坏死或整个脾坏死呈纤维素性脾周炎，为本病的特征性病变。肾脏高度肿胀、充血和出血。胰腺苍白，表面有坏死点。

图 2-40　雏鹅脾坏死的死雏

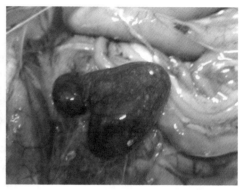

图 2-41　雏鹅脾坏死的脾病变

防治措施：本病目前尚未有疫苗免疫。鹅群一旦发病，可用抗病毒药物治疗，使用适量的抗生素和清热解毒、护肝等中药能降低本病死亡率，一般在发病 15 ～ 20 天以后死亡，逐渐停止。

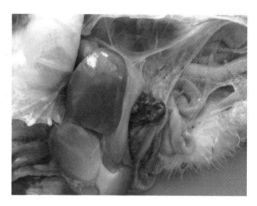

图 2-42　雏鹅脾坏死的肝脏病变

鹅言鹅语

出生才十天的我，怕冷、怕潮湿、怕生病，一定要保持地面干燥。有些主人喜欢偷懒，睡笼里、笼垫上脏兮兮的，都是我的排泄物。他们有时直接用水龙头冲洗地面，潮湿的环境极易滋生病菌，严重影响我的生长和健康。

11 日龄

外貌特征

绒毛颜色继续变淡，脖子以下颜色明显比其他地方更浅，头顶深颜色区域变小，喙、跖、蹼颜色稍有加深。挺胸伸颈，两眼有神。平均体重达到 456 g。

图 2-43　11 日龄雏鹅

生理特点

处于骨骼快速生长阶段，冬季继续保温，夏季每天早、晚需要放牧运动锻炼 1 个小时左右。雏鹅肌胃肌肉还不发达，饲料研磨能力不强。11 日龄雏鹅每只采食量：精料 78 g，青料 142 g。日均每只鹅的粪便重量为 194 g 左右。

管理要点

11日龄雏鹅可以开始运动锻炼了，雏鹅的运动有两种形式。一种是冬季室内运动，即每隔1小时左右，将躺睡着的雏鹅徐徐哄赶，沿鹅舍四周缓慢而行，运动时间由短到长10～20分钟。避免雏鹅久卧在潮湿的垫草上，导致胸部及腿部疾患。如果此时垫草已经潮湿，可一边驱赶一边撒上一层干净的新鲜垫草。另一种是室外运动，在室内外温差不超过3～5℃时，即可到室外运动。初次运动时，以中午为好，每次活动15～20分钟，随日龄增加，逐步延长室外活动时间。寒冷或雨雪天气，切不可到室外运动。夏季气温高，阳光强烈，室外运动场要搭凉棚遮阴，放牧时应避免中暑。

为促进肌胃的饲料研磨能力，在饲料里添加砂砾，或在运动场上堆放砂砾让雏鹅自由采食。

利用室外运动期间，可以进行育雏室通风换气、更换垫料、室内消毒等工作。

疫病防控

常见疾病及其防治——鹅沙门氏菌病

病因：本病是由沙门氏菌引起的一种传染病，又称鹅副伤寒病。各种品种和不同年龄的鹅均可感染，30日龄左右的雏鹅发病，多呈急性或亚急性，可以引起大批死亡。成年鹅一般呈慢性或隐性，成为带菌者。病鹅或带菌鹅是主要传染源。该菌又是条件性致病菌，在健康鹅消化道中都有存在，当雏鹅抵抗力下降、气候突变都能诱发本病。本病严重时死亡率较高，可达30%左右。转入慢性则影响今后的种用价值。

临床症状：经垂直传染或在孵化器内接触病菌感染的雏鹅，一般呈急性，在雏鹅出壳后数天内，不见症状则死亡。出壳后感染的雏鹅表现为精神不振，羽毛蓬乱，食欲减退或消失，口渴，张口呼吸，低头呆立，两翅下垂；眼结膜炎，出现流泪、眼睑水肿；腹泻，排粥状或水样并混有气泡的稀粪，当肛周粪污干固后则阻塞肛门，排便困难；鼻流浆液性分泌物，有的关节肿胀疼痛，出现跛行。病程一般2～5天，个别雏鹅病程长至1周以上。成年鹅呈慢性或隐性，表现为下痢、产蛋量减少，引起卵黄性腹膜炎等。

病理变化：急性病例中往往无明显的病理变化。病程较长时，主要病变在肝脏，表现为肝大、充血、表面不光滑，有黄白色斑点，肝实质出现坏死；胆囊肿大，充满胆汁；脾脏肿大，伴有出血条纹或小点坏死灶；心包炎，心包内积有浆液性纤维素渗出物；肠道有出血性炎症，肠系膜淋巴肿大；盲肠内有干酪样物质形成栓塞；有的气囊混浊，上有灰白色点状结节。在慢性病例中表现为腹腔积水，输卵管炎及卵巢炎。

诊断要点：本病无明显的特征性症状和病理变化，诊断困难。根据发病日龄、精神状态、下痢及肝脾肿大、胆囊肿胀并充满大量胆汁等，可获得印象诊断。确诊需进行实验室病原学检查。

防治措施：预防本病，种蛋必须来源于健康种鹅群，孵化前必须对种蛋、孵化器、孵化室进行全面消毒。雏鹅与成鹅分开饲养，并做好清洁卫生和消毒工作，加强饲养管理。

 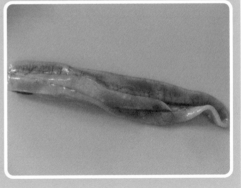

图 2-44　沙门氏杆菌之肝病变　　　图 2-45　沙门氏杆菌之胰病变

保持产蛋房及蛋窝的清洁卫生，经常更换垫料。每天定时捡蛋，做到窝内不存蛋，种蛋及时分类、消毒后入库。蛋库的温度为 18℃ 左右，相对湿度为 70%。要做到经常性消毒，保持蛋库清洁卫生。种蛋入孵前再进行 1 次消毒。孵化器和孵化室的清洁卫生和消毒工作非常重要，要制订相应的消毒制度。

接运雏鹅用的箱具、车辆要严格消毒。在进雏前，对地面、空间和垫草要彻底消毒。消灭鼠类和蚊蝇，防止麻雀等飞进育雏舍。舍内要铺置干燥、清洁的垫草，要有足够数量的饮水器和料槽。雏鹅不要与种鹅或育肥鹅同栏饲养。保持适宜的温湿度。冬季要注意防寒保暖，夏季要避免舍内进雨水，防止地面潮湿。

治疗本病可用 2.5% 诺氟沙星粉剂治疗。每千克饲料加 2.5% 诺氟沙星 1 g，连用 3 天；肠炎净每升饮水加 0.5 g，连用 2 ~ 3 天；也可用环丙沙星、庆大霉素、林可霉素等治疗。

鹅言鹅语

别看我小，我的警惕性很高，会侧着头观察靠近的人。吃饭的时候，我会先仔细察看周围的动静，以防有人抓我的脖子。有些哥哥姐姐又强壮又霸道，经常抢吃我的口粮、青草。希望主人能够分圈分类、小班化喂养，保证雨露均沾、营养均衡。

12 日龄

外貌特征

颈修长，嘴扁而阔，腿高尾短。绒毛继续变淡、变长，腹部和胸颈前侧绒毛开始变白，且越来越多，翅膀羽毛颜色变浅，仍有部分个体翅上羽毛稀少。平均体重达到 501 g。

图 2-46　12 日龄雏鹅

生理特点

合群性是鹅的重要特性之一，使鹅群有较强的生活节律性。不论采食、游水、运动、睡眠，雏鹅均表现为聚群生活。到了成鹅期，除了采食牧草时以家庭为单位或单个活动外，游水、睡眠时仍以聚群活动，当遇到外界因素干扰，如猛禽飞临、动物接近、汽车鸣笛等，所有鹅只迅速聚群并处于高度警惕状态，直至干扰因素消失方才散开。12 日龄雏鹅每只采食量：精料 85 g，青料 195 g。日均每只鹅的粪便重量为 260 g。

管理要点

夏季可以下水洗浴，帮助洗掉身上的污垢，梳理羽毛，增加活动，加快新陈代谢，增强体质，促进生长发育。雏鹅由于尾脂腺尚不发达，初期洗浴时间要短，水的深度要浅。雏鹅洗浴的池塘，应选择在育雏室附近，减少洗浴前的长途跋涉。池水水质要好，水源无污染。初次洗浴要选择天气晴朗的中午进行，避免受凉感冒。冬天天冷的时候，不必进行洗浴；夏季有条件的可每天洗浴 1～2 次。雏鹅初次下水洗浴时间在 10 分钟左右，以后逐渐延长洗浴时间，直至放牧游水。

在洗浴池塘旁边建设适当面积的水泥场地，方便雏鹅洗浴后梳理羽毛和休息半小时左右，待雏鹅毛干后赶回育雏室。

疫病防控

1. 良好的通风。建立良好的育雏室内环境，以保持鹅群的健康及生产力的充分发挥。由于自然通风受其他因素的影响，育雏室内机械通风可以安装风机负压通风和臭氧机除臭。负压通风：根据育雏舍的大小，安装相应的风机，抽出育雏室内浑浊的空气，使育雏室内空气相对稀薄，压力变小，空气通过进风口由育雏室外流入育雏室内，形成内外空气交换。臭氧机除臭：在 300 m^2 的育雏室内安装 20 g/h 空气源臭氧机，定时开关机，早晚各 1 h，去除空气中的氨气、硫化氢等一些气体，净化空气。

2. 环境的消毒。对养鹅环境应该进行定期清洁卫生和消毒，以保持环境的相对洁净。环境消毒应包括鹅舍、场内道路、大门通道及周围环境等，在场内的通道上，应设立消毒池，并需经常性更换消毒液。

3. 营养的补充。雏鹅初次下水洗浴，很容易受凉感冒，所以在雏鹅洗浴时要特别注意天气的变化，适当增加营养。饮水中添加维生素 C 可防止应激和感冒。

鹅言鹅语

我日以继夜地进食，夜以继日地成长，出生才 12 天，我体重突破 500 g。老百姓说我"边吃边屙，六十日好卖"，浙东白鹅顶呱呱，还真不是瞎说的！

13 日龄

外貌特征

雏鹅全身绒毛颜色逐渐变白、变淡，食欲增强，喜动、喜追逐。此时稍不注意环境及管理调节，容易造成"光背鹅"。其行走步态与雏鸭明显有别：鹅步调从容；鸭子步调急促，有局促不安之相。平均体重达到 560 g。

图 2-47　13 日龄雏鹅

生理特点

鹅喙长而扁平，上下喙有发达的锯齿，颈长而易于弯曲，这些结构有力地支持鹅觅取青料，可以"锯"断茎叶。食道膨大呈纺锤形，便于鹅摄取、贮存大量食物。鹅的食性较广，除喜食谷物、糟粕、谷壳等饲料外，更喜食青草，能充分利用青粗饲料，如田间、路边的野草，农田中的遗谷、麦粒，甚至深埋在淤泥中的草根和块茎等，都能被鹅觅食利用。13 日龄雏鹅每只采食量：精料 90 g，青料 210 g。日均每只鹅的粪便重量为 290 g。

管理要点

随着消化功能的增强，雏鹅饲粮可做适当调整，增加一些玉米粉、麸皮等易消化的饲料。饲料调整要做到逐步过渡，由少到多，调整过渡期为三天左右。

育雏室温度一般要求 20 ~ 22℃，但也要根据天气变化情况灵活调整，天气热时白天可降温，晚上升温，夏天可脱温。湿度 60%。光照 18 小时 / 天。

13 日龄雏鹅昼夜添喂 2 次，即白天 1 次、晚上 1 次。精料及青料用量逐日增加。

疫病防控

防虫灭鼠。杀虫灭鼠是预防鹅场传染病的重要措施。蚊、蝇、老鼠及节肢动物是多种病原体的传播媒介，鹅场应根据蚊、蝇和节肢动物的活动季节，选择适当的杀虫药进行经常性的杀灭。在老鼠经常出没的地方，如鹅舍、仓库、饲料加工厂、职工宿舍、厨房、厕所以及周围投放灭鼠药，或在鼠洞内投灭鼠药。夏季要定期驱蚊灭蝇，消灭传播媒介。

防猫防犬。现在，农村地区流浪猫、狗数量较多。他们在四处觅食的过程中，不仅会严重影响雏鹅休息，还会追赶甚至撕咬雏鹅，对其生命健康构成威胁。因此，育雏室应加强防护措施，如加固门窗、安装栅栏或网罩，还可利用技术手段进行驱逐，并定期巡视检查，严密防范野猫和野狗的侵袭。

图 2-48　被野猫咬死的雏鹅

鹅言鹅语

　　很多小朋友会把鹅宝宝误认为鸭宝宝，那么我与鸭兄弟有什么不一样呢？首先是我的毛色比鸭兄弟更纯，几乎是纯黄色，而小鸭常常有杂色。其次，我嘴巴的根部看起来比鸭兄弟更整齐。而且我比鸭兄弟长得快，13 日龄的我已经拥有更修长的脖子，毛也褪成黄白色，叫声更加洪亮有力，这下不会混淆了吧！

14 日龄

外貌特征

14 日龄的雏鹅腹部、胸颈前侧逐渐变白,全身绒毛由嫩黄色转变为淡黄色,蓬松而亮泽。喙扁,啄食物愈发有力,腿部粗壮,肌肉发达,脚蹼大而健硕。平均体重达到 620 g。

图 2-49 14 日龄雏鹅

生理特点

鹅排粪时,举起尾羽,露出肛门,肛门周边的肌肉收缩,将粪便排出。排粪频率高,往往是边吃边排,一般站着排粪,卧着也可排粪。排粪位置集中在食槽边和休息处。14 日龄雏鹅每只采食量:精料 95 g,青料 225 g。日均每只鹅的粪便重量为 320 g。

图 2-50 雏鹅腹部羽毛

图 2-51 雏鹅小翅膀

管理要点

（1）二次分群。随着日龄增大、体重增加，需要及时调整密度。密度太大，会引起雏鹅不安，导致互相啄毛。需正确计算育雏围栏的面积，进行分群、扩群，及时调整饲养密度。一般调整为每平方米 15 ~ 20 只。

图 2-52 笼养中的雏鹅

（2）保暖通风。掌握好育雏室保暖与通风的关系，通风过度会造成雏鹅受凉发病，不通风又会造成室内空气污浊，氨气过重，对雏鹅的健康不利，会引起小鹅烦躁不安，从而相互啄毛。一般冬季选择在中午前后，通风换气四个小时左右，即11：00～15：00，朝南窗户通风；夏季可以选择白天全天通风，即7：00～18：00，正中午四小时南北窗户通风，其他时间朝南窗户通风。

（3）清洁卫生。育雏室要做到每天清洁保持卫生，饮水器要做到每天清洗，特别是高温的夏季，雏鹅饮水时会把饲料带入饮水槽里，或粘在槽壁上，很容易引起变质腐败，从而导致雏鹅发病。

（4）预防啄毛。如果氨气浓度过高、环境较差、光照过强等，雏鹅易产生焦虑不安的情绪，会引起啄毛。要及时通风、除臭，保持良好的生活环境。光照慢慢调弱，只要晚间能看到食物和水就可以。饲料中微量元素缺乏，铜、铁、锌、磷、钾、钠等微量元素也需及时补充。

疫病防控

常见疾病及其防治——鹅皮下气肿

病因：该病主要是物理性因素引起，是雏鹅的一种常见疾病。多见于饲养管理不当，雏鹅拥挤、剧烈驱赶、粗暴捕捉、尖锐异物等致使气囊破裂，导致气体积聚于皮下疏松组织，引起全身或局部皮下气肿隆起。此外，如寄生虫感染，呼吸道的先天性缺陷等亦可使气体溢于皮下，发生气肿。本病多发生于14日龄内的雏鹅，临床上常见于颈部皮下发生气肿，因此又称之为"气嗉子"或"气脖子"。

临床症状：如颈部气囊破裂，可见颈部羽毛倒立竖起，轻度气肿局限于颈的基部，重度气肿可延伸到颈的上部，使整个颈部甚至于头部气肿膨大。若腹部气囊破裂或由颈部的气体蔓延到胸部皮下，则胸腹围增大，触诊时皮肤紧张，叩诊呈鼓音。右图所示，发病鹅腹部发生气肿，导致腹部皮肤严重鼓起，

图2-53　皮下气肿的病死鹅

整个鹅看起来呈球形。如不及时治疗，气肿继续增大，病鹅表现为精神沉郁、呆立、呼吸困难。饮、食欲废绝，衰竭死亡。

防治措施：主要做到细心管理，注意避免鹅群拥挤、摔伤，驱赶、捕捉或提拿时切忌粗暴、摔扔，以免损伤气囊。发生皮下气肿后，可用消毒后的注射针头或铁针刺破膨胀部的皮肤，使气体排出。如果重新发生气肿膨胀的，必须再针刺排气才能奏效。最好的排气办法是用烧红的铁条，在膨胀部烙个破口，将空气排出。因烧烙的伤口大，暂时不易愈合，气体可随时排出，缓解症状至痊愈。

鹅言鹅语

育雏前期（0～14日龄）是我出壳后的转变期，包括体温调节从变温到恒温的转变、从内源性营养（卵黄囊）到外源性营养（饲料）的转变等。我的生长速度非常快，代谢旺盛，单位体重的耗氧量与排出的二氧化碳量，要比家畜高一倍以上，但采食量和消化能力不足，所以要多给我投喂高能量、高蛋白、易消化的全价营养配合饲料和鲜嫩的青绿饲料。

15 日龄

外貌特征

雏鹅头顶颜色仍偏黄，脖子修长。全身绒毛开始由淡黄翻白，俗称"小翻白"。脚蹼更加粗壮、厚实，步态稳健。相对生长速度达到高峰，平均体重达到713 g。

图 2-54　15 日龄雏鹅

图 2-55　休憩中的雏鹅

生理特点

消化器官经过饲料的刺激和锻炼，渐渐发育成熟，肌胃的肌肉变得坚实，消化机能慢慢健全，磨碎饲料的功能加强，适应各种饲料。15 日龄雏鹅每只采食量：精料 100 g，青料 240 g。日均每只鹅的粪便重量为 320 g。

管理要点

雏鹅食量大增，在条件许可的情况下，尽量满足青绿饲料需要，可分次提供青绿饲料。昼夜添加饲料 2 次，晚上以添加精料为主。

科学育雏时，可采用舍内网上或笼内饲养，不进行洗浴和运动，既减少能量消耗，又可杜绝雏鹅饮用洗浴后的脏水，减少消化道病的发生，提高成活率和生长速度；如果是后备种鹅的育雏期，应适当给予雏鹅放牧和洗浴的时间。

疫病防控

常见疾病及其防治——鹅传染性浆膜炎

病因：该病是由鸭疫里默氏杆菌感染引起的雏鹅或仔鹅传染病，也称鸭疫里默氏菌病。本病以雏鹅或仔鹅易感，尤其是 15 日龄左右的鹅为高感染发病期。感染率和发病率均很高，可达 90% 以上，死亡率 5% ~ 80% 不等，病程 3 ~ 5 天。环境卫生不好、饲养管理不善、应激反应是本病的诱因。传染性浆膜炎已成为当前肉鹅生产中发病率和死亡率最高的重要疫病之一。

临床症状：病鹅精神沉郁、食欲不振、嗜睡、缩颈、两腿无力、不愿走动、呼吸困难、咳嗽。眼部周围羽毛被分泌物粘连，排黄绿色稀粪。最后出现痉挛、摇头、点头等神经症状，抽搐死亡。

病理变化：本病以广泛性的纤维素性渗出性炎症为主要病变特征。心包膜、肝脏表面覆有一层灰白色或灰黄色纤维素性包膜，易剥离。心包液明显增多，含有白色纤维素性絮状物，心包膜增厚，严重的可与心脏或胸壁粘连。气囊混浊增厚，有纤维素附着。其他脏器都有不同程度的纤维素性炎症，关节炎等。有神经症状的，可见脑膜充血、水肿、增厚，有的也可见纤维素性渗出物。

 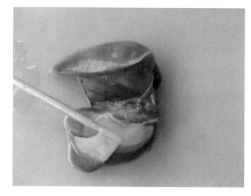

图 2-56　气囊有炎黄色纤维素性渗出物　　图 2-57　心脏、肝脏包膜纤维素性渗出
　　　　　附着

诊断要点：

1月龄以内的小鹅易感，日龄越小，其发病率和死亡率就越高。应激因素、环境和饲养管理与本病的发生有密切关系。病鹅双眼周围有泪痕，不愿走动，有的出现跛行，常有头颈震颤、歪颈等神经症状。浆膜发生纤维素性炎症，以心包膜、气囊、脑膜和肝脏出现纤维素性渗出物附着为本病的特点。

防治措施：

（1）严格生物安全防控。加强饲养管理，改变饲养方式，采用网上或漏粪地板饲养的方式，避免粪便与鹅接触，离地安装漏粪地板饲养是防治本病最有效的方法。

（2）免疫预防。在雏鹅2日龄时采用浆膜炎疫苗0.3 mL翅膀下背部或颈背部皮下注射，每栏更换1次针头。9日龄进行二次免疫，每只0.5 mL皮下注射。

（3）科学控制。养殖过程中，没有发病不要盲目添加抗生素，一旦发病精准、及时地使用药物，规范合理地治疗。目前临床上治疗该病效果比较好的药物是粘杆菌素和氟苯尼考，饮水或拌料，连用3天；头孢噻肟肌肉或皮下注射，48小时1次，连用2次，效果更佳。

鹅言鹅语

半个月啦！我快速长大，体重达到0.75千克左右，可以吞下更长段的牧草，再也不用切得那么细碎。我可以吃粗粮，比如玉米、稻谷、大麦都是我的最爱，可以少量慢慢添加哦。但我现阶段的免疫系统发育不健全，容易生病，一定要按时给我打疫苗。

16 日龄

外貌特征

鹅的食管较长，紧贴皮下，与气管、颈动脉、颈静脉和交感迷走神经伴行。颈段食管位于气管右侧，较宽大，易扩张，饱食以后明显膨大。平均体重达到 765 g。

图 2-58　16 日龄雏鹅

生理特点

鹅的嗅觉和味觉都不发达，对饲料的适口性要求不高，对无酸败和异味的饲料都会无选择地大口吞咽，因而能采食各种精、粗饲料和青料。16 日龄雏鹅每只采食量：精料110 g，青料 250 g。日均每只鹅的粪便重量为 290 g。

管理要点

16 日龄开始保持在每天深夜 23 ～ 24 时熄灯，早晨 4 ～ 5 时开灯，光照强度以鹅能看清并采食饲料为宜。

（1）早、中、晚观察雏鹅动态。视情况可喂复合维生素，增进食欲，提高抵抗力。寒冷季节仍维持育雏温度在 22℃左右。保持栏舍的清洁、干燥，注意卫生，按时消毒。

（2）饲料中添加抗球虫药，预防球虫病，连用 2 ~ 4 天。加强对弱雏的饲养和管理，巡栏时将生长发育不等的雏鹅进行调栏。

疫病防控

防止药物中毒。在治疗和预防疾病时，药物用量要严格按照使用说明和兽医医嘱，不得随意加大使用量，也不能延长使用时间。药物添加到鹅饲料中时必须保证搅拌均匀，否则局部饲料中药物含量过高，会导致中毒的发生。在田间地头收集杂草作饲料时，要注意其来源地在近期内是否喷过农药，防止农药中毒；不要使用有毒植物饲喂鹅，严防投喂发霉、酸败饲料。

加药方法：即先将一定剂量的药物加入少量的饲料中混合均匀，再与 10 倍量的饲料混合。以此类推，直至混合到全部饲料中。如果把药物添加到饮水中，则要求药物能够在水中充分溶解。在饮水中加入 0.5% 小苏打，可促进多余药物及时排出体外。

链接与分享——雏鹅呼吸道特点

呼吸道是雏鹅体内重要的生理系统之一，对于雏鹅的生长和存活至关重要。呼吸道的特点包括结构、空气流通、黏液纤毛系统、免疫系统、易感疾病、饲养管理和预防措施等方面。

1. 结构

雏鹅的呼吸道包括鼻腔、喉、气管和肺等部分。鼻腔是雏鹅呼吸道的入口，具有过滤、加湿和调温等功能。喉是雏鹅呼吸道的另一个重要部分，它连接鼻腔和气管。气管是雏鹅体内最长的管道之一，它从喉延伸到肺，是气体交换的主要通道。肺是雏鹅体内进行气体交换的主要器官，它由许多小的肺泡组成，帮助雏鹅吸入氧气并排出二氧化碳。

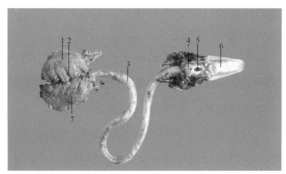

1. 左肺　2. 肺肋沟　3. 气管　4. 喉乳头　5. 喉口
6. 舌　7. 右肺

图 2-59　雏鹅的呼吸道结构

2. 空气流通

空气流通对雏鹅的呼吸道至关重要。在吸气过程中，空气通过鼻腔进入呼吸道，然后进入肺泡，进行气体交换和运输。在呼气过程中，二氧化碳从肺泡排出，通过气管和鼻腔排出体外。如果空气流通受阻，雏鹅可能会出现呼吸困难、缺氧等症状，严重时会发生窒息死亡。

3. 黏液纤毛系统

黏液纤毛系统是雏鹅呼吸道的一个重要组成部分，也是鹅的第一道防御屏障，它由黏液和纤毛组成。黏液具有润滑和保护呼吸道的作用，而纤毛则可以定向摆动，帮助雏鹅清除呼吸道中的尘埃和细菌。如果黏液纤毛系统受损或出现功能障碍，雏鹅容易发生呼吸道感染。

4. 声音功能

鹅的叫声是通过气管发出的。将空气从肺部排出，然后经过声带震动，发出声音。鹅气管内部的结构能够帮助调节声音的高低和音调，使鹅能够发出不同的叫声，用于不同的情境。

5. 易感疾病

雏鹅容易感染多种呼吸道疾病，包括传染病、鼻炎、喉炎等。副粘病毒病、禽流感等传染病都通过呼吸道感染而发病，对雏鹅造成危害，严重时会导致大量死亡。鼻炎、喉炎和气管炎等疾病会导致雏鹅出现呼吸不畅、咳嗽和呼吸困难等症状，影响雏鹅的生长。

6. 预防措施

了解雏鹅呼吸道的特点和相关知识，对于维护雏鹅的健康和提高其生产性能具有重要意义。在实际生产中，预防是保障雏鹅呼吸道健康的前提。要采取综合性的防治措施，保障雏鹅健康成长。

饲养管理对雏鹅的呼吸道健康十分重要。首先要选择清洁、卫生的孵化场，避免雏鹅感染病原体。定期清理圈舍、更换垫料和消毒，可以有效减少病原体的数量。同时，合理的饲养密度、良好的空气流通、适宜的光照和放牧对雏鹅呼吸道健康至关重要。要重视并做好疫苗接种工作，根据当地疾病流行情况，定期为雏鹅接种相关疫苗，提高其免疫力。

鹅言鹅语

我是水禽，祖祖辈辈在水边繁衍生息，但第一次下水却是你推我躲。一不小心被挤下了水，我惊恐地扑腾着，适应后发现自己天生就是游泳健将！第二次，大家就争先恐后下水了，成功带来的兴奋让我频繁在鹅群中穿插以示炫耀。我从小爱漂亮，很快学会啄取尾脂腺分泌物来润滑羽毛。但游泳时间不宜超过半个小时，上岸后要让我们把羽毛晾干再回寝室，否则很容易受凉感冒。

17 日龄

外貌特征

鹅尾部比较短平，尾毛略上翘。尾脂腺发达，位于尾根部上端。平均体重达到 830 g。

生理特点

具有发达的盲肠，因而能充分利用青粗饲料；反之，青粗饲料采食越多，盲肠越发达。17 日龄雏鹅每只采食量：精料

图 2-60　17 日龄雏鹅

115 g，青料 270 g。日均每只鹅的粪便重量为 340 g。

管理要点

放牧。通过近距离运动和下水洗浴后，可选择适宜的放牧场地进行放牧饲养。初次放牧时，放牧场地不能太远，一般选择百米以内的场地。随着放牧时间增加，放牧距离可逐渐增远。放牧场地尽量选择可供鹅摄食牧草或谷物的草地、作物收割后的农田，充分利用草地牧草和农田散落的谷物，减少饲料成本，增加经济效益。放牧场地附近要有水源，保证放牧鹅只能够饮水。同时，在选择放牧场地时，要考虑场地周围其他家禽的饲养情况，尽量远离疫源地和其他家禽饲

养地。

加强日常管理，做好育雏舍内外的清洁卫生和消毒工作，放牧时育雏舍开门、开窗通风，保持舍内空气新鲜，垫料干燥，

常见疾病及其防治——鹅法氏囊病

病因：鹅法氏囊病又称鹅腔上囊病，是由鸡法氏囊病毒引起的一种急性、高度接触性传染病，主要感染30日龄以内的雏鹅。

临床症状：病初表现为精神不振，体温升高，排水样白色稀粪，肛门四周羽毛常粘满粪污。病情严重时，病鹅羽毛蓬乱无光泽，排带有黏性泡沫样绿色稀粪，病雏啄肛，最终脱水而衰竭死亡。

图2-61 鹅法氏囊出血（左、中、右）

病理变化：病鹅严重脱水，眼睛凹陷，皮肤、脚蹼干燥。法氏囊肿大2～3倍，呈紫红色，胸肌、腿肌有点状或条纹状出血。腺胃与肌胃交界处有出血带。有的病例黏膜有弥漫性灰白色坏死灶。肝脾肿大，肾表面出血，有尿酸盐沉积。

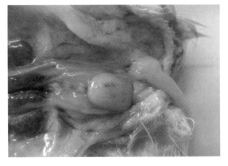

图2-62 鹅法氏囊肿大

防治措施：注意鹅舍通风，保持干燥，清洗饮水器、料槽，定时做好消毒，及时清理鹅粪，并进行堆积发酵。大规模鹅场应进行法氏囊疫苗接种。治疗本病可用鸡法氏囊病高免卵黄抗体，为防止并发感染，可在高免卵黄液中加入青链霉素。

鹅言鹅语

　　我本来就是食草性动物，牧草才是我百吃不厌的口粮。在溪水边、在蓝天下自由觅食，是我最幸福的游牧时光。不过，"鹅无夜草不肥，不吃夜食不产蛋"。光是吃草的话，营养比较单一，也不一定能吃饱。如果夜里能够补充点精料，有利于我快乐、健康地成长。

18日龄

外貌特征

背部和翅膀绒毛开始脱落，根部长出细密的新羽。行走时踱着方步，身体贴近地面、脖子前伸，似乎随时准备攻击陌生人。平均体重达到924 g。

图2-63　18日龄雏鹅

生理特点

摄食性鹅喙，呈扁平铲状，不像鸡那样啄食而是铲食，要求食槽平底、有一定高度和宽度。18日龄雏鹅每只采食量：精料120 g，青料280 g。日均每只鹅的粪便重量为350 g。

管理要点

雏鹅放牧应该注意，下雨天气最好不放牧，特

图2-64　18日龄雏鹅长出细密的新羽

别是雷暴大雨禁止放牧。在放牧途中下雨，应尽快赶回育雏舍，避免雨水淋湿。夏天放牧时，要做到上午早出早归，下午晚出晚归，避免中午放牧；冬天放牧与

夏天相反。要了解放牧场地、农田以及来回的道路旁是否喷洒过农药、除草剂等，如有喷洒农药，则禁止放牧。还要注意老鹰、犬猫、黄鼠狼等动物对雏鹅的伤害。

图 2-65　雏鹅饮水中

常见疾病及其防治——鹅中暑

鹅中暑，又称鹅热衰竭，是炎热夏季的常见病。是鹅在高温、高热和闷热、高湿的环境下，体温调节机能紊乱而发生的一系列异常反应。分为日射病和热射病。鹅只一旦发病会大群出现，尤其是雏鹅。

病因：主要是高温、高热、闷热、高湿。鹅无汗腺，且羽毛致密，对高温、高温特别敏感，容易发生中暑。如果鹅只暴露在强烈阳光下，使头部血管高度扩张，引起脑膜急性充血，导致中枢神经系统紊乱而发病，称为日射病。如果鹅只饲养在高湿、闷热、通风不良的环境下，饮水不足，体内热量难以散发而发病，称为热射病。

临床症状：患日射病的病鹅开始出现体温上升，继而出现烦躁不安，有的乱蹦乱跳，有的甚至出现颤抖、痉挛、昏迷等神经症状，鹅群大批死亡。患热射病的病鹅则表现为呼吸急促，张口喘气，羽毛濡湿，翅膀张开下垂，极度口渴。最后出现体温升高，痉挛倒地，昏迷死亡，亦能引起大批死亡。下图可见病鹅肺部、心脏充血、出血、水肿等病变。

图 2-66　肺部充血、出血　　　　图 2-67　心脏充血、水肿

防控措施：夏天放牧，鹅群应早出晚归，避免中午放牧，应选择凉爽的牧地放牧。鹅舍要通风良好，鹅群饲养密度不能过大，运动场或放牧场地有遮阳棚或树荫，并且要供给充足、清凉的饮水。

鹅群发生中暑时，应立即进行急救，将鹅赶入水中降温，或赶到阴凉通风的地方进行休息，并供给清凉饮水，还可给予维生素 C 和红糖水自由饮用，效果更好。也可采用

图 2-68　鹅中暑之脚掌严重脱水

紧急放血措施，在脚趾旁用针头刺破血管，放血 3 ～ 5 滴即可。

鹅言鹅语

　　我喜欢在广阔的稻田里觅食、散步，互相追逐嬉戏玩耍。田间有我喜欢的各种草料，而且对我来讲，都是中草药。但在夜里我害怕被野兽攻击，夜晚不能让我独自留在野外。

19 日龄

外貌特征

雏鹅全身绒毛翻白明显，有脖纹，腹部绒毛开始脱落，根部长出新羽。跖骨颜色金黄，喙前端颜色变淡，眼部颜色偏黄。行动、吃料敏捷，颈、跖增长速度快。平均体重达到 1 004 g。

生理特点

公母雏生长速度不同，同样的饲养管理条件下，公雏比母

图 2-69 19 日龄雏鹅

雏增重快10%，且料重比更低。19 日龄雏鹅每只采食量：精料125 g，青料290 g。日均每只鹅的粪便重量为355 g。

管理要点

加强清洁卫生、消毒等日常管理工作。

19 日龄雏鹅，由于消化功能的不断增强和完善，可继续降低全价配合饲料的比例，适当增加谷类及糠麸类饲料，保证青料供给。饲喂次数要视放牧或舍饲的不同而不同，一般舍饲的雏鹅仍然日添喂两次，其中白天 1 次，晚上 1 次；放

牧的雏鹅，放牧场地青草丰盛，谷物较多的，可夜间投喂 1 次，白天放牧期间不喂饲料。如果放牧地牧草或散落的谷物不能满足雏鹅的摄食生长需要，可以在中午到放牧地补喂 1 次。

疫病防控

　　雏鹅在放牧期间，也要做好疫病防控工作。一是要了解放牧地是否有其他家禽放牧过，是否发生过疫病，禁止到疫源地放牧。二是放牧场地应该距离其他家禽场 500 米以上。三是放牧场水源上游是否是疫源或是否受其他污染源的污染，确保放牧地饮水清洁卫生。四是放牧场地要避免其他人员往来，防止病原带入而发生传染病。

20 日龄

外貌特征

  雏鹅的绝对生长速度，一开始增长缓慢，至 20 日龄明显加快，45 日龄左右达到高峰，后逐渐回落，累计生长曲线呈"S"形。平均体重达到 1 094 g。

图 2-70　20 日龄雏鹅

生理特点

  雏鹅体温调节机能还没有完善，寒冷的晚上，仍需适当保温。20 日龄雏鹅每只采食量：精料 130 g，青料 310 g。日均每只鹅的粪便重量为 400 g。

管理要点

俗话说"病从口入"，养鹅要高度重视饮水安全。一般养鹅场，应建立饮水设施，如小型水池等。水池消毒可按容积计算，每立方米水中加入漂白粉 6 ~ 10 克，搅拌均匀。也可以采用臭氧消毒，臭氧消毒半小时后饮用。此外还应防止饮水器或水槽的饮水污染，最简单的办法是升高饮水器或水槽，并随日龄的增加不断调节到适当的高度，保证饮水不受粪便污染，有效防止病原体的传播。

疫病防控

常见疾病及其防治——鹅亚硝酸盐中毒

亚硝酸盐中毒是由于鹅摄入含有大量亚硝酸盐的青饲料引起的。

病因：鹅是食草家禽，要饲喂大量青绿饲料，如果提供的青饲料（如叶菜类、块茎类蔬菜及各种牧草、野草等）处理不当，堆放时间过长，就会发热，产生大量亚硝酸盐。鹅采食这些含有大量亚硝酸盐的青饲料会引起中毒；有些鹅采食了含高硝酸盐的青饲料，在食道膨大部经微生物的作用，硝酸盐也可转变为亚硝酸盐，而引起中毒。

临床症状：多呈急性发作，表现为精神不安，步态不稳，呼吸困难，喙、肉瘤、脚蹼、皮肤发绀，很快窒息死亡。病情较长的，出现肌肉无力，双翅下垂，两腿发软，流涎，排绿色粪便，最后体温下降，麻痹昏睡，衰竭死亡。轻度中毒仅表现出消化机能紊乱和肌肉无力等症状，一般可以自愈。

病理变化：血液凝固不良，呈酱油色。气管、支气管及肺充满泡沫样液体。胃、小肠黏膜出血，肠系膜血管充血。肝、脾、肾实质器官淤血，呈紫黑色，切面流出黑色不凝固的血液。心外膜出血，心肌变性坏死。

诊断要点：了解青绿饲料是否存放时间过长，是否发热变质。有大批鹅发病，特别是抢食厉害的鹅更容易发生。同时根据鹅只呼吸困难、流涎、可视黏膜发绀等症状和血液凝固不良、胃肠道出血、实质器官淤血等病变，可做出诊断。

防治措施：饲喂新鲜青饲料是预防本病的关键措施。不得饲喂发霉、变质的青饲料。青饲料应放置在阴凉通风的地方，摊开敞放，防止发热、变质、发霉、腐烂。一旦发现鹅群中毒，可用 1% 的亚甲蓝注射液，每千克体重 0.1 毫升，加入10%葡萄糖注射液中，静脉或腹腔注射。同时，口服葡萄糖、维生素C。每天一次，连用三天。

鹅言鹅语

我的体重突破1 000 g，哪怕是寒冷的冬天也可以进行户外活动，一般的风吹雨淋都不怕。我喜欢喝干净的水，讨厌污浊的水。有的主人偏偏给我喝脏水，我就会浑身不舒服，一天到晚都拉稀，没力气。

21 日龄

　　21 日龄雏鹅全身绒毛大部分翻白，放牧时间越长则翻白面积越大。绒毛逐渐褪去，翎羽开始生长，尾部开始换羽，出现"蛀尾巴"，尾尖、体侧长出大羽毛的毛管。此阶段如果营养过剩，翎羽发育过快，极易导致长大后出现"翻翅"现象。平均体重达到 1 160 g。

图 2-71　21 日龄雏鹅

　　21 日龄的雏鹅，消化功能基本健全，采食量增加，生长速度加快。21 日龄雏鹅每只采食量：精料 135 g，青料 530 g。日均每只鹅的粪便重量为 470 g。

　　进行第三次分群，根据体重大小，适当调整鹅群，每平方米 10 只，每群 150 ~ 200 羽。弱雏单独隔离饲养，选择嫩的青绿饲料，比正常鹅群多喂 1 次。拆去小围栏，增加活动面积。整个育雏期内要注意防止"扎堆"现象，发现雏鹅扎堆取暖时应及时驱散，以免压死、压伤。

育雏室适宜温度18℃左右，湿度60%左右。

图 2-72　规模化饲养的雏鹅

21日龄后逐渐改为自然光照，晚上弱光照明，保证采食和饮水。

青料与精料从拌喂，逐渐改为单独分开饲喂。每昼夜喂料2次，白天1次，晚上1次，放牧鹅群视放牧场地而定。

疫病防控

常见疾病及其防治——小鹅流行性感冒

病因：该病是由败血志贺氏杆菌引起的败血性、渗出性传染病，又称鹅流感、鹅渗出性败血症、传染性气囊炎。主要发生于14～28日龄小鹅，是小鹅的常见病。该病多发生于冬春季节，大多是因为气候突变，饲养管理不善，小鹅受凉而感染发病，死亡率高达90%。

临床症状：病鹅鼻腔、口腔不断流清水，常强力摇头甩出鼻液、口水，并在身上揩擦，全身羽毛又湿又脏。张口呼吸，常发出咕噜声。体温升高，食欲不振，精神萎靡，缩颈闭目，全身发抖，蹲伏在地上，下痢。病程 2～4 天。一般轻症可以恢复健康，重症大多数死亡。

图 2-73　患流行性感冒的雏鹅

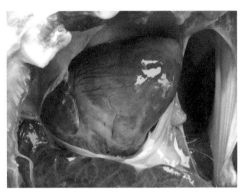

图 2-74　小鹅流行性感冒之心脏病变

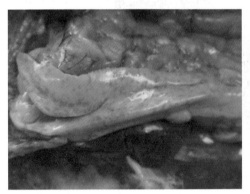

图 2-75　小鹅流行性感冒之胰脏病变

图 2-76　小鹅流行性感冒之肠道病变

病理变化：肺表面、气管黏膜有大量纤维素性渗出物附着，气囊表面附有凝乳状渗出物，鼻腔黏膜充血，黏液充盈。肝、脾、肾淤血肿胀。心包积液，心外膜充血、出血。肠黏膜充血、出血。皮下、肌肉出血。

防治措施：

（1）预防：加强饲养管理，保持鹅舍干燥通风，避免放牧、游水时受凉，气候突变时要注意防寒保暖。在本病多发、常发地区，对 6～7 日龄雏鹅注射志贺氏杆菌灭活苗预防。

（2）治疗：发病后应迅速隔离病鹅，更换垫料，加强消毒，有密封条件的鹅舍，可用醋酸煮沸等方法进行带鹅熏蒸。抗菌药物治疗有一定疗效，每升饮水中添加5.5%红霉素粉2 g，每千克饲料中添加2%环丙沙星1.5 g，连用3～5天；或病鹅每只肌肉注射青霉素5万～10万单位，每天2次，连用2～3天。

链接与分享——养鹅新模式

1. 种草养鹅模式

种草养鹅是专业化、规模化养鹅发展的产物，是一种扩大生产规模、提高规模效益的养殖模式，解决了放牧养鹅的局限性。同时，发展种草养鹅业，增加绿色植被覆盖面积，既有利于保护生态，又满足养鹅所需的大量的青绿饲料，可谓一举两得。

图2-77　割草喂鹅

发展种草养鹅，必须要有相应的种草养鹅配套用地，根据多年种草养鹅实践，一般500只鹅配套666平方米种草用地。在南方，由于土地紧缺，种草面积少，通常采取圈养割草饲喂的方式，解决养鹅青绿饲料的供应问题，但不适宜种草轮养放牧，过度放牧不利于牧草生长。

常用的牧草：

（1）黑麦草。黑麦草生长快、分蘖多、产量高，营养丰富、适口性好，是种草养鹅优选的牧草之一。黑麦草属于禾本科牧草，亩产草量可达 15 吨，而且营养价值高，富含蛋白质、矿物质和维生素。黑麦草干草粗蛋白含量为 15% ～ 18%，鲜草质嫩汁多，适口性好，是冬春季节养鹅的鲜草供应。

（2）紫花苜蓿。紫花苜蓿属于豆科，多年生牧草，亩产草量 4 ～ 6 吨，草质优良，各种畜禽均喜食。紫花苜蓿以粗蛋白质含量高而著称，干物质中粗蛋白含量为 20% ～ 26%，还富含矿物质、维生素等营养物质，是优质蛋白质饲料的首选牧草，是春夏秋季节养鹅的鲜草。

（3）菊苣。菊苣属于菊科菊苣属，多年生牧草，耐寒、耐热、耐旱，亩产草量 10 吨。菊苣草质柔嫩，营养价值高，适口性好。菊苣对于饲养方面，它的营养价值和紫花苜蓿接近，消化率和矿物质含量高于紫花苜蓿，特别是有莲座状叶片的菊苣，消化率为 90% ～ 95%，各类家禽均喜食，满足春夏秋季节养鹅的鲜草供应。

（4）墨西哥玉米草。墨西哥玉米草是喜温、喜湿和耐肥的饲料作物，不耐霜冻及干旱。墨西哥玉米草茎叶味甜，脆嫩多汁，适口性极好，干草含粗蛋白 19.3%，另含有多种畜禽所需的微量元素，且消化转化率高。每亩鲜草产量可达 15 吨，能满足夏秋季节养鹅的鲜草供应。

由于各种牧草的生物学特性不同，其牧草提供的季节也各不相同。为了保证养鹅常年鲜草的均衡供应，养鹅技术人员研究制订了鲜草常年供应模式图。

牧草名称	鲜草供应月份											
黑麦草	1	2	3	4	5	6	7	8	9	10	11	12
紫花苜蓿	1	2	3	4	5	6	7	8	9	10	11	12
墨西哥玉米	1	2	3	4	5	6	7	8	9	10	11	12
菊苣	1	2	3	4	5	6	7	8	9	10	11	12

图 2-78 鲜草常年供应模式图

2. 稻鹅轮作模式

稻鹅轮作模式是在水稻收割后的空闲农田里种草养鹅，是一种现代农业种养结合的生态循环养殖新模式。具有三个明显特点：一是为畜牧业生产提供发展空间，保障鹅产品的市场供应，满足消费者需求。二是提高粮田的综合产出率，促进农民增收、农业增效、农村致富。三是稻田种草养鹅，鹅粪还田种稻，实现种养结合的生态循环模式。

图 2-79　稻鹅轮作

江浙地区，农村10月份水稻收割后，大多良田荒废不种。从稻田经济效益分析，亩产量500 kg稻谷，除去种子、人工、化肥、农药等成本，最终收益几百元。在"非粮化"整治背景下，大量被占用的基本农田回归种粮本业，而低下的收益则使农民难以走出"不赚钱困境"。另一方面，受制于愈来愈严的生态环境保护，肉鹅养殖区域缩减，商品鹅养殖数量急剧下降，优质鹅肉供不应求。稻鹅轮作模式，利用晚稻收割后的空余时间段，饲养两批次白鹅，一举多得，提高粮田综合利用率。不仅在闲置的稻田里增加白鹅产出，提高经济效益，而且还实现"稻田种草养鹅、鹅粪肥田种粮"的良性循环，提高生态效益。同时还产出优质稻米和鹅产品，提高社会效益。

　　稻鹅轮作模式，采用全进全出养殖，一年可养殖白鹅两批。稻鹅轮作空间布局包括育雏房、圈养运动场地和牧草种植田块三方面内容。按照饲养 5 000 只商品鹅计算，需要准备 650 m^2 育雏房，2 500 m^2 圈养运动场地和 16 666 m^2 亩以上的牧草种植用地。育雏房如果是新搭建的，一般采用保温性能比较好的大棚，方便、实用又经济。采用稻鹅轮作养殖，一般以黑麦草为主，应选在 10 月份带稻播种或待水稻收割后及时播种。苗鹅育雏开始的时间控制在黑麦草播种后 20 天左右，这样育雏期苗鹅就能吃到幼嫩的黑麦草。

3. 林下养鹅模式

　　鹅是食草家禽，历来养鹅一直以放牧为主，辅以精粮。民间有"鹅吃青，不吃荤"的农谚。在现代专业化、规模化的养殖条件下，鹅吃的青料越来越少，即以精饲料为主，而辅以少量青料。林下养鹅模式就是在不占用耕地的前提下，利用林下丰富的牧草放牧，实现天然健康养殖。为拓宽白鹅养殖空间，发展生态循环养殖，技术人员不断探索研究，开展林下养鹅，取得了较好的经济效益、社会效益和生态效益。

图 2-80　林下养鹅

浙东白鹅有发达的肌胃和盲肠，对青料的粗纤维消化能力可达50%。在鹅的饲料组成中，青粗料占60%~70%，能较好地满足其生长发育、产肉的需要。目前，农村有大片果园、桑地、林下荒地，牧草丰盛，是放养白鹅的好地方。林下养鹅可省去除草剂费用，减少人工除草投入，既经济又环保；同时，鹅粪与吃剩的草渣、树叶混合，经过发酵、代谢可补充土壤养分，改良林园土壤，促进果树、林木和牧草生长；此外，树林还能减少阳光直射，降低鹅舍内外温差，减少鹅的环境应激，实现整体良性循环。

林地要求：用于林下养鹅的林地可以是落叶林（如桃、梨、李、苹果、葡萄等），也可以是常绿林（如柑橘、枇杷等）。林园不必是成林，幼林也可以养。如果是落叶林（果林），可在每年秋季树叶稀疏时，在林间空地播种黑麦草，来年1~2月份开始养鹅，实行轮牧制。当黑麦草季节过后，林间杂草又可作为鹅的饲料，如此循环，四季可养鹅。如果是常绿林，以野生杂草为主，可适当播种一些耐荫牧草如白三叶等，补充野杂草的不足。在幼林中养鹅可利用树木小，林间空地阳光充足的特点，大量种植牧草，如黑麦草、菊苣、苜蓿等，充分利用林间空地资源，待果木粗大后再利用上述两种方法养鹅。

适时放牧：林地高低不平，在鹅放牧前应进行适当修平，便于鹅群放养。20日龄前的雏鹅育雏与常规育雏一样，20日龄后夏季可全天林下放牧，前3天先小范围内放牧，让鹅适应林地环境。鹅吃饱休息时，要定时驱赶鹅群，以免其睡觉受凉；放牧后返回育雏舍，要及时给

图2-81　树枝的茎刺

水、补料，补料最好是全价饲料。雏鹅放牧，主要是培养吃"青"的习惯，适应外界环境，提高抗病能力，为中鹅的放牧打好基础。放牧期间要避免柑橘等树枝的茎刺刺伤雏鹅，防止野兽侵袭。

放牧管理：林下养鹅以小群放养为宜，约200只为一小群。如林地小，草料

丰盛，鹅群应赶拢些，使鹅充分采食；如林地大，草料欠丰盛，应使鹅群散开，以充分自由采食。放牧的场地要由近到远，实行分区轮牧，轮牧间隔时间 15 天以上。每次放牧回来，注意观察鹅群的健康情况，发现病弱鹅应及时挑出隔离和治疗，待病鹅恢复健康后再混群放牧。

林下养鹅的效益：林下养鹅不需高水平的设施，可以减少鹅舍建造费用。鹅在放牧时采食林间的牧草和杂草，可以大量节省饲料开支。因鹅不采食树叶、树皮，所以对林木特别是幼林，不会造成危害。鹅的活动面积比在鹅舍里喂养要大，空气新鲜，发病少，成活率高。相较于室内饲养而言，在林子里自由觅食长大的鹅的重量、毛色和肉质都要好许多。据测算，林下种草养鹅要比全程舍饲成本减少 10 元 / 只左右。如在象山县顾品橘园，每年放养浙东白鹅 1 000 只，橘园青草茂盛，鹅群自由采食青料，只需补喂精料 30 元 / 只，饲养到 70 日龄，平均体重 4 千克以上，每只鹅纯收入 30 元左右，比舍饲高 10 元以上，经济、生态、社会效益显著。

鹅言鹅语

世人对我们情有独钟，语言充满着喜爱，如用"呆头鹅"形容老实、木讷、可爱的样子，"鹅公腔"形容少年发育后的声音，"生蛋鹅娘"形容走路体态曼妙可掬，"鹅鸭脚"称赞身体好不怕冷。再如美丽的"鹅蛋脸"、光滑漂亮的"鹅卵石"，还有用雏鹅的"鹅黄"、成年鹅的"鹅白"来形容颜色的鲜嫩、洁净，让我们受宠若惊、喜不自胜。

22 日龄

外貌特征

翅膀上羽毛覆盖相对完整，头部颜色偏黄，脖子下羽毛较白，颈骨、喙颜色变黄。胸、腹、尾部新羽长出，数量变多。体态硬朗，步态稳健。平均体重达到 1 247 g。

生理特点

绒羽毛更换加快，要充分满足羽毛生长所需的角蛋白、含硫氨基酸，以及铜、铁、锌微量元素和 B 族维生素等营养物质。22 日龄雏鹅每只采食量：精料 140 g，青料550 g。日均每只鹅的粪便重量为 480 g。

图 2-82 22 日龄雏鹅

管理要点

加强饲养管理。21 日龄分群时，已拆掉小围栏，育雏群变大，雏鹅很容易发生惊群，出现扎堆或踩死、压死现象。因此，在管理上要尽量减少应激因素，避免惊动雏鹅，分群前后避免饲料突变。禁止外来人员进入育雏室，夜间防止其他动物骚扰。

保持环境卫生。要定期开展消毒工作，保持舍内空气新鲜，垫料干燥，运动场地无积水、无鹅粪堆积，游泳池至少每天更换一次，保持水体干净。

常见疾病及其防治——雏鹅病毒性肠炎

流行病学：本病由腺病毒引起的一种病毒性急性传染病。主要危害 3 ~ 30 日龄雏鹅，具有高传播性、高发病率和高死亡率，死亡率 25% ~ 75%，甚至可达 100%。

临床症状：本病病症可分为最急性、急性和慢性型三种。最急性型病例多发生于 7 日龄以内的雏鹅，不见前期症状即倒地死亡。急性型病例多发生于 8 ~ 14 日龄雏鹅，表现出精神沉郁、食欲减少、呼吸困难、喙色变暗、嗜睡、腹泻等症状，死前两腿麻痹，昏睡而死。慢性型病例多发生于 15 日龄以后的雏鹅，主要因腹泻、消瘦、营养不良而死亡。

病理变化：小肠的特征病理变化，随着死亡日龄的增大而变化。一般最急性型死亡的病例，表现为小肠出血、黏膜肿胀，腔内有大量分泌物液。急性型死亡的病例，表现为小肠严重出血、坏死，腔内有凝固的黄白色纤维素性分泌物和上皮细胞坏死物。慢性型死亡的病例，小肠后段出现灰白色的坏死组织和纤维素性渗出物组成的凝固性栓子，肠壁变薄，易剥离，小肠外观膨大，呈香肠状。其他脏器和组织均无特征性变化。

防治措施：避免从疫区引鹅，如确需引的，应做好清洁卫生和隔离消毒工作，防止病原传入；对有该病发生、流行的地区，必须接种疫苗进行免疫或采用高免血清进行预防。疫苗免疫：种鹅在开产前 1 个月接种雏鹅病毒性肠炎、小鹅瘟二联弱毒疫苗；1 日龄雏鹅口服雏鹅病毒性肠炎弱毒疫苗免疫。高免血清预防：1 日龄雏鹅采用雏鹅病毒性肠炎高免血清，每只皮下注射 0.5 mL，可预防该病的发生。

对发病的雏鹅，尽快采用高免血清治疗，每只皮下注射 1 ~ 1.5 mL，效果较好。

鹅言鹅语

　　小时候的我，就像一个顽皮的孩子，喜欢相互追逐、嬉闹，有时候主人也会赶着我们竞相奔跑。一旦摔跤，我稚嫩的小翅膀极易骨折，而外表并无异样。待我们长大成鹅，就会造成翻翅现象，影响身体健康和美观，成为"折翼天使"。主人在放牧或运动时，不宜让我们剧烈运动，避免损伤发育中的小翅膀。遗传因素、营养过剩和小翅膀损伤，是导致成年鹅"翻翅"的三大元凶。

图 2-83　单侧翻翅的仔鹅

图 2-84　双侧翻翅的育肥鹅

23 日龄

外貌特征

全身毛色明显翻白，夹杂少许淡淡的黄色。嘴巴根部变红，可能是肉瘤滥觞之始。嘴部有类似牙齿状结构发育，咬手有痛感。两翅增大，有频频展翅飞翔的动作。平均体重达到 1 331 g。

生理特点

雏鹅即将进入第一次换羽期，生长速度加快，除提供羽毛生长所需的营养外，还要满足提供生长

图 2-85　23 日龄雏鹅

所需的营养，促进雏鹅生长发育，提高生产性能。23 日龄雏鹅每只采食量：精料 145 g，青料 560 g。日均每只鹅的粪便重量为 495 g。

管理要点

在管理上，23 日龄雏鹅与 21 日龄雏鹅管理要求基本一致。随着消化机能的加强，在饲料上可做适当调整。雏鹅饲料可适当减少配合饲料，加入谷类和糠麸类饲料，调减饲料要做到逐步过渡的原则。在有条件的饲养场，保证供给青绿饲料。硬化的运动场，应该在饲料里添加微量元素，在运动场散些砂砾，让雏鹅自

由采食。昼夜饲喂次数仍然保持2次，夜间1次，白天1次。

疫病防控

常见疾病及其防治——葡萄球菌病

病因：该病是由金黄色葡萄球菌感染引起的一种急性或慢性传染病。可使雏鹅发生脐炎、腹膜炎、败血症，呈急性。大鹅发生关节炎，呈慢性。

临床症状：雏鹅发生葡萄球菌性脐炎时，腹部出现膨大、脐部发炎、肿胀、结痂，触摸硬实，局部呈紫黑色。皮肤型多发生于仔鹅，病鹅局部皮肤和皮下组织发生炎性肿胀、坏死，呈蓝紫色，严重时引起全身感染而死亡。青年鹅、种鹅发生关节炎时，跖、趾关节肿胀、红痛，站立不稳，跛行，最后溃烂、结痂，鹅体消瘦、衰竭死亡。

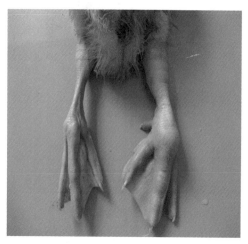

图2-86　葡萄球菌病之脚部

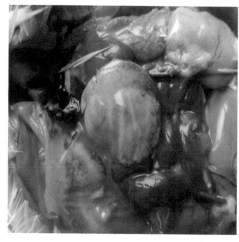

图2-87　葡萄球菌与大肠杆菌混合感染

防治措施：本病主要是做好鹅舍的清洁卫生和消毒工作，避免或减少鹅体皮肤的损伤。要注意鹅舍通风、防潮，防止雏鹅拥挤打堆。饲料中添加电解多维，有利于提高机体抵抗力。一旦发病，要及时隔离治疗。治疗本病可用抗生素，如青霉素、诺氟沙星、环丙沙星、红霉素、庆大霉素、磺胺-5-甲氧嘧啶等，均可起到较好的效果。

鹅言鹅语

　　我具有较强的冒险探索精神和模仿能力。进入新环境，我会表现出强烈的好奇心，小心翼翼靠近陌生物体，并用嘴衔咬。小伙伴们见状也会学习效仿，尝试着做这种动作。这种习性有利于调教，如开食、初饮、第一次下水等，且很快形成固定行为。

24 日龄

外貌特征

雏鹅发育迅速，双蹼宽大有力，身躯稳健挺拔，绒毛渐渐变白。小公鹅会花更多时间"梳妆打扮"。平均体重达到 1 362 g。

生理特点

鹅眼是视觉器官，由眼睑、眼球、肌肉和泪腺组成，鹅的半透明眼睑（瞬膜）很发达，潜水时可将眼球前面盖住。眼球很大，视野开阔。雏鹅视觉和听觉异常灵敏，一有风吹草动，立

图 2-88　24 日龄雏鹅

即停止采食，警惕地注视前方。24 日龄雏鹅每只采食量：精料 150 g，青料 600 g。日均每只鹅的粪便重量为 531.9 g。

管理要点

随着雏鹅的长大，要及时扩大育雏室的面积，降低育雏密度，防止雏鹅拥挤、踩踏现象的发生。24 日龄雏鹅在寒冷天气或气候突变的情况下无须保温，保持室内空气流通。要做好饲料更换过渡期的饲养管理，防止饲料突变而引起胃肠道疾病。加强鹅场用水管理，饲养人员要密切注意用水水源的情况，确保用水

卫生、安全，游泳池用水必须每天更换 1 次，水源充足的鹅场最好保持流动。育雏室保持通风、干燥，防止室内产生氨气，使室内空气新鲜，做好鹅场日常的清洁卫生和消毒工作。

疫病防控

常见疾病及其防治——鹅病毒性肝炎

病因：该病是由于感染了鸭病毒性肝炎病毒引起的一种雏鹅的急性病毒性传染病。主要危害 7 日龄以内的雏鹅，病程短、死亡率高。14 日龄以上的雏鹅，发病率、死亡率明显降低。易感鹅主要通过接触病鹅、带毒鹅或被其污染过的垫草、饮水、饲料及用具等感染发病，也可经呼吸道感染发病。

临床症状：本病大多数在天气变化，气温低时突然发病，出现精神萎靡、食欲减退、行动迟缓、双眼半闭、双翅下垂，排出绿色或白色稀粪。而后出现痉挛、抽搐和角弓反张等神经症状，很快死亡，病程几小时至半天。

图 2-89　病毒性肝炎死鹅

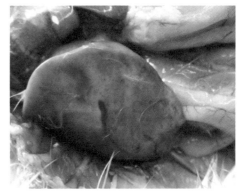

图 2-90　病毒性肝炎之肝脏

病理变化：病变主要在肝脏，且具有特征性。肝脏肿大，质地较脆，呈暗黄色，表面有弥漫性、大小不等的出血点或出血斑，有的病鹅肝脏出现散在性坏死点；胆囊充盈；脾肿大，质地较硬；肾充血肿大，有弥漫性坏死点。

防治措施：本病无有效药物治疗，必须采取综合防治措施才能得到有效控制。

一是加强饲养管理。禁止从疫区购入雏鹅。加强清洁卫生和消毒工作，拒绝外来人员进出鹅场。提供营养全面的饲料，增强鹅的体质。

二是做好免疫接种。主要对种鹅进行免疫接种，一般在种鹅开产前 15 ~ 20 天接种鸭病毒性肝炎疫苗，以后每隔 3 ~ 4 个月接种 1 次，其所产的雏鹅能够获得较高的母源抗体。对于没有母源抗体的雏鹅，可在 1 ~ 3 日龄内免疫接种鸭病毒性肝炎弱毒疫苗，能有效预防本病的发生。

三是及时进行治疗。发生鹅病毒性肝炎时，要立即进行严格的隔离和消毒，病死鹅进行无害化处理，并专人饲养管理，防止疫病扩散。对鹅群采用高免血清或高免卵黄液治疗，能取得理想的效果。

鹅言鹅语

我没有膀胱，尿液汇集在输尿管，与粪便同时排出体外。与鸡、鸽等禽类不同，我的食管没有嗉囊，长长的食管下面是纺锤形的膨大部，能存储食物。当进食较多时，脖子右侧会撑大鼓起。这不是大脖子病，而是吃饱喝足的标志哦！

25 日龄

外貌特征

绒毛进入"大翻白"时期，生长迅速的雏鹅绒毛已褪成乳白色，而非纯白色，陆续开始变成小白鹅。平均体重达到 1 378g。

生理特点

鹅的眼睛对紫外线和蓝色光非常敏感，对其他颜色则较弱，鹅能通过视觉感知周围环境。鹅的视野范围很宽，可以达到水平 330 度，垂直 225 度，能够非常灵

图 2-91　25 日龄雏鹅

敏地发现周围环境变化。25 日龄雏鹅每只采食量：精料 156 g，青料 624 g。日均每只鹅的粪便重量为 573.4 g。

管理要点

25 日龄雏鹅，除了常规管理要点外，还要做好料槽、饮水器的清洁卫生和消毒。料槽、饮水器 1 天清洗 1 次，一般用清水洗刷干净晒干后再进行消毒，或直接用配制好的消毒液清洗消毒。禁止使用发霉、变质的饲料，这对预防霉菌、

真菌病的发生，起到非常重要的作用。

疫病防控

常见疾病及其防治——鹅出血性坏死性肝炎

鹅出血性坏死性肝炎是由鹅呼肠孤病毒引起的一种小鹅疫病，肝、脾、肾、胰等器官出现坏死灶是本病特征性病变。

病因：本病病原为鹅呼肠孤病毒，是一种分节段的双链 RNA 病毒；鹅呼肠孤病毒和鸡病毒性关节炎病毒在血清学上存在差异，没有交叉保护能力；病毒对外界环境抵抗力很强，耐酸、耐热和耐受有机溶剂，60℃能耐受 8～10 小时，−20℃可以存活 4 年以上；一般消毒药难以杀灭，卤素化合物（如二氯异氰尿酸钠、有机碘制剂等）和烧碱对病毒具有杀灭作用。

流行病学：呼肠孤病毒主要通过呼吸道和消化道排毒，康复鹅可以长期带毒和排毒；本病既可水平传递，亦可经卵垂直传递。此病若发生于 10 日龄左右，则表现为脾坏死症，此前已有阐述；若发生在 21 日龄左右，则表现为出血性坏死性肝炎，发病率高达 70%，死亡率达 60%。本病会引起雏鹅死亡，也会使感染鹅的生长受到较大影响。

临床症状：患病雏鹅精神萎顿，食欲减退以致废绝，绒毛杂乱无光泽，喙和蹼苍白，体弱消瘦，行动缓慢，腹泻。患病耐过鹅常出现跛行，跗关节、跖关节、趾关节、脚和趾屈肌腱等部位肿胀。

病理变化：肝脏出血性坏死为本病的主要特征。患鹅肝脏有弥漫性出血斑和淡黄色（或灰黄色）坏死斑，坏死斑大小不一，有的小如针头，有的大如绿豆；脾脏稍肿大，质地较硬，并有坏死灶；胰腺肿大，出血，并有散在性坏死灶；肾脏肿大，充血、出血，有坏死灶；心内膜有出血点；肠道黏膜和肌胃肌层有出血斑；胆囊肿大，充满胆汁；脑壳严重充血，脑组织充血；肺充血。有的慢性病例肿胀关节腔内充满清澈渗出液，有的病例关节腔内有纤维素性物。

诊断要点：对于急性病例，根据流行特点、临床症状和病理变化可以做出初步诊断。确诊需要进行实验室诊断，可以通过绒尿膜接种 SPF 鸡胚分离鉴定病毒或者 RT-PCR 进行诊断。

防治措施：目前对本病尚无有效的治疗药物，所以强化预防控制措施尤为重要。应加强鹅群卫生管理及鹅舍场地定期清除垃圾等污物，用碱溶液或有机碘溶液定期进行消毒，减少病毒感染的机会。

目前尚无可以使用的疫苗，可以试制强毒灭活疫苗，对种鹅开产前进行两次免疫，以产生主动免疫抗体，降低种鹅群的带毒率，并通过母源抗体保护 2 ~ 3 周龄以内的雏鹅。已经发病的雏鹅群，可以试制高免卵黄抗体或者抗血清进行紧急治疗，具有一定的效果。

链接与分享——白鹅，心中的感恩

在我旅美 15 年的漫长生涯中，每年 11 月的最后一个星期四，都会与美国朋友一起过感恩节。这一天，器宇轩昂的火鸡是节日的主角，接受美国人的礼拜。300 余年前，一批英国清教徒坐着五月花号帆船，颠沛流离，登上了蛮荒的美洲大陆。在寒冷、饥饿和疾病的困境里，当地的印第安人给这批难民馈赠火鸡和谷物种子，帮助他们度过移民生死的绝境。美国独立之后，林肯总统宣布感恩节为全国性节日。这一天，总统会在灯火辉煌的白宫，举行放生火鸡的仪式，让人们永远记住祖先的恩典。

说来好笑，每年过感恩节的时候，我一边吃着火鸡大餐，一边就想起故乡象山的大白鹅。这是我们家谱里记载的移民史：也是

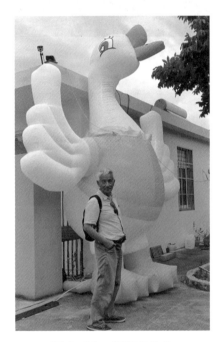

图 2-92　周稼骏先生

300 余年前，居住在象山港对岸——奉化庙后周的先祖，遇到了罕见荒年。我的先祖母邬氏听说渔港对岸的象山风调雨顺，六畜兴旺。于是，由她率领老老小小，赤手空拳，"惟带雌鹅四雄鹅一，仅此五鹅，选择西周，牧养营生"。当时，"西周俗尚敦厚，民情古朴"。这情景与五月花号美洲移民，虽然不能相提并论，但是此情此景何其相似乃尔！

图 2-93　两鹅相斗

　　在异国他乡生活中，每逢佳节倍思亲。美国人一家团聚吃火鸡，我却常常梦中浮现象山大白鹅，出现儿时在西周镇的大溪坑边，手舞足蹈地看着一群大白鹅在铺满鹅卵石的溪水里扑打嬉戏，实在是很美的梦境了。我毫不夸张地说，大白鹅在我心中的地位，犹如火鸡在美国移民史上的崇高一样。我的先祖就是靠着"惟带雌鹅四雄鹅一"，使我们周氏家族度过荒年，繁衍生息，一代一代发展到今天。

　　我心中的感恩节在西周，节日的主角永远是象山大白鹅！

（周稼骏写于 2012 年感恩节前夕）

26 日龄

初生绒毛陆续脱落，长成第一新羽，新羽稍硬。喜食鲜嫩的青绿饲料，撕咬能力增强。平均体重达到 1 448 g。

鹅的听觉器官——耳，由外耳、中耳和内耳三部分组成。鹅的听觉非常敏锐，警觉性强，反应迅速，当遇到陌生人或其他动物时就会发出鸣叫以

图 2-94　26 日龄雏鹅

示警告。26 日龄雏鹅每只采食量：精料 162 g，青料 648 g。日均每只鹅的粪便重量为 560.2 g。

经过几天饲料更换的过渡期后，雏鹅对谷物类及糠麸、糟粕类等饲料有了一定的适应性，并增强了对粗饲料的消化能力，开始从饲喂配合饲料逐渐过渡到饲

喂饲料原料。因此，在管理上，要重点考虑原料饲料的选购以及质量的把关。

选购饲料要用"闻、摸、看、尝"四字法把好质量关。

闻：特定的饲料原料都有其特有的芳香气味，如有异味、怪味、霉变味或无味，说明饲料发霉、变质或为假劣原料。

摸：可用手反复插入饲料原料中，再抽出抖落，如果细小物质不易抖落，就说明很可能掺假。

看：色泽是否一致，如果同一批饲料原料中有颜色不同和光泽度不一样的物质就说明可能掺假。

尝：特定的饲料原料都有固定的味道，如甜、酸、涩、苦、香等。如果出现异味，说明原料变质或为假劣原料。

疫病防控

常见疾病及其防治——鹅链球菌病

本病由链球菌感染引起，各种日龄的鹅均可感染发病，以雏鹅为主，是雏鹅的一种急性败血性传染病。以消瘦、嗜睡、共济失调、下痢以及实质器官出血和腹膜炎等症状为主。剖检可见发病鹅的关节发炎、肿胀，内有炎性分泌物（右图）。加强饲养管理、注意卫生和消毒、预防种蛋污染是预防

图 2-95 链球菌病之关节

本病的关键。治疗本病，可选用青霉素、链霉素、庆大霉素、新霉素或复方新诺明等药物，均可取得一定的效果。

鹅言鹅语

　　爱美之心鹅皆有之，接近"青春期"的我更加自恋。吃饱喝足之后，我最大的爱好就是洁身自净，自啄梳理羽毛。自洁的顺序为肩、背、翅、腹下和颈，每次啄羽毛一根或数根，从根部往末梢滑出。清除污秽后开始涂脂抹油，即从尾脂腺处蘸取脂肪向身体各处涂擦，保持身体干净和羽毛的沥水性。

图2-96　雏鹅清洁羽毛

27 日龄

外貌特征

　　绒毛继续脱落，新羽不断长起，换羽有序进行。脖羽变淡，鳞羽明显，翅尖羽毛较少，背部羽毛偏黄。喙变黄，脚上血管明显，体躯增长，步态摇摆。平均体重达到 1 479 g。

图 2-97　27 日龄雏鹅

生理特点

鹅的触觉感受器分布于皮肤内，在裸区比较多，但羽囊上也分布有感觉神经末梢。喙部的皮肤和口腔黏膜分布有较丰富的感受器。27日龄雏鹅每只采食量：精料168 g，青料672 g。日均每只鹅的粪便重量为592.4 g。

管理要点

养鹅要分批饲养，不能大小鹅混养。待一批鹅群出栏或转入另一场所饲养后，要对饲养场地进行全面、彻底的消毒，并且空置10天以上才可复养。同时，对要转入饲养的新场地，也必须清洁卫生，经过彻底消毒和空置10天以上的，才可转入饲养。这对防止各种疫病和寄生虫病的发生，确保鹅群均匀、整齐地生长有重要作用。

疫病防控

常见疾病及其防治——肉毒梭菌毒素中毒

本病是由于鹅摄食被肉毒梭菌毒素污染的饲料而引起的中毒性疾病。本病特征是急性全身性麻痹，共济失调，迅速死亡。

病因：肉毒梭菌本身不致病，是其产生的外毒素具有极强的毒力，对人、畜、禽均有高度致死性。肉毒梭菌在自然界和动物的肠道中广泛存在。当肉毒梭菌在腐败的动物尸体、动植物产品及蝇蛆体内时，在厌氧的条件下，会产生毒力很强的外毒素。该外毒素有较强的耐热性，100℃煮60分钟才被破坏。本病多发于温暖季节。

临床症状：鹅往往都是突然发病，中毒初期出现精神萎顿、食欲废绝、不愿活动、打瞌睡等轻微症状。到中毒严重时，出现肌肉麻痹，全身软弱无力，头颈伸直下垂，眼紧闭，翅膀下垂拖地，羽毛松乱，容易脱落，最后排出绿色粪便，昏迷死亡。

诊断要点：根据特征性"软颈"麻痹的症状，结合调查是否接触过腐败动物、蝇蛆或食入过被毒素污染的饲料，可做出初步诊断。

防治措施：本病无特效治疗药物，主要是禁止接触腐败动物、蝇蛆或食入被毒素污染的饲料。对中毒鹅可用皂液、硫酸镁灌服排毒，一般用硫酸镁 2 ~ 3 克加水灌服，可加速毒素的排出。死于本病的尸体仍有极强毒力，严禁食用，务必进行深埋或销毁等无害化处理。

鹅言鹅语

俗话说："好草好水养好鹅。"水是我的身体的重要组成部分，约占体重的70%。养分的吸收、废物的排泄、体温的调节，都要借助水才能完成。如果饮水不足，就会导致食欲下降、饲料消化率降低、生长缓慢、产蛋减少，严重时可引起疾病甚至死亡。我是水禽，一时一刻离不开水，缺水比缺食危害更大哦！

28 日龄

外貌特征

绒毛全部翻白，呈乳白色，俗称"大翻白"。喙根部红色明显，略微凸起。喙、跖、脚蹼为深黄色，翅膀根部变白，尾部不同类型绒羽交错。平均体重达到 1 550 g，是初生体重的 15 倍。

图 2-98 28 日龄雏鹅

生理特点

鹅嗅觉不发达，味觉一般也不发达，但能区别咸、酸、苦、甜等味道。28 日龄雏鹅每只采食量：精料 174 g，青料 670 g。日均每只鹅的粪便重量为 610 g。

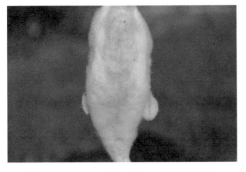

图 2-99 雏鹅腹部

图 2-100 雏鹅翅膀

管理要点

28 日龄的雏鹅育雏阶段结束，准备转入仔鹅饲养阶段。此时，要做好以下几方面工作：一是进行全群点数，统计育雏率。二是抽样称重，研究分析育雏阶段的生长发育情况，与目标体重比较，如果生长偏慢或过慢，要认真分析原因，及时采取针对性措施。三是准备好场所，包括仔鹅饲养栏舍、运动场地、用具，并做好清洁卫生和消毒工作。四是安排仔鹅用料计划，包括饲料种类、饲料配比、用料量、进料渠道等。五是检查仔鹅供水情况，保障用水供应，保证水源清洁卫生。

链接与分享——科学消毒

消毒，是指用物理或化学方法减少或消除环境中的病原体，使其数量减少到无害水平，防止传染病感染和传播。在白鹅规模化饲养过程中，科学消毒对防控疫病传播、保持鹅群健康、提高经济效益尤为重要。

1. 建立消毒制度

首先要确定消毒人员，实行专人负责，落实消毒责任制，并对其进行消毒技术知识培训。其次要确定消毒范围和消毒方法，应该包括所有生活环境、孵化室、育雏室、鹅场鹅舍、饲养工具、运输工具、贮藏室，以及场地、道路、周围环境等。消毒方法可采用喷洒、雾化、熏蒸、臭氧、喷撒等。在正常情况下，鹅场 1 ~ 2 周消毒 1 次，发生疫情时 1 ~ 3 天消毒 1 次；育雏室应在入雏前及出雏后进行彻底消毒 1 次；孵化室应在入孵前后保持常规性消毒，孵化箱入孵时带蛋消毒。

鹅场和孵坊都要设立门卫管理制度，工作人员出入要进行更衣消毒，严禁外来人员进入场内。车辆出入的大门须设立消毒池，按规定时间更换消毒液，保证消毒效果。

2. 消毒药的选择和使用

选择合适的消毒药和正确的使用方法，才能达到期望的消毒效果。

（1）煤酚皂（来苏儿）。本品为褐色油状液体，有特殊臭味，对皮肤刺激性大，洗手用浓度 1% ~ 2%，衣物浸泡为 3%，场地消毒常用 5%。

（2）过氧乙酸。该品宜低温储藏，有刺激性，对金属制品有腐蚀性，对有色织物有褪色作用，注意防止与人体接触。过氧乙酸用于橡胶制品、衣物浸泡及手的消毒浓度为 0.04% ～ 0.2%，用于环境、鹅舍、饲料槽、水槽、仓库、孵化室的消毒浓度为 3% ～ 5%，对细菌、芽孢、病毒有杀灭作用。

（3）百毒杀。本品为双季铵广谱消毒剂，无毒、无色、无臭、无刺激性，对病毒、细菌、真菌孢子、芽孢及藻类均有强力杀灭作用，可用于饮水、各种器物、周围环境的消毒。环境消毒及严重污染场地消毒按 1:（2 000 ～ 5 000）倍稀释；饲槽、饮水器、饲养工具等消毒按 1 ： 5 000 ～ 1 ： 10 000 倍稀释；饮水消毒按 1 ： 10 000 ～ 1 ： 20 000 倍稀释。

（4）农用氨水。本品为无色透明、有强烈刺激味道的液体，有刺激性和腐蚀性。鹅舍及污物消毒常用 5% 水溶液。也可将氨水、甲醛和水以 1 ： 1 ： 98 比例混合，用于鹅舍及环境消毒，对沙门氏菌、大肠杆菌、巴氏杆菌等均有杀灭作用。

（5）高锰酸钾。本品为紫色针状结晶，0.2% 溶液常作表面消毒剂，用于创伤、黏膜的消毒。与甲醛配合可熏蒸消毒。本品为强氧化剂，忌与甘油、糖、碘等合用。现配现用，不宜久存。

（6）新洁尔灭。本品为无色透明、有杏仁味的液体，对多种革兰氏阳性及阴性细菌有杀灭作

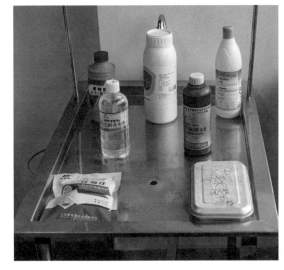

图 2-101 常用消毒药水

用。忌与碘酒、高锰酸钾、升汞及肥皂共用。0.01% ～ 0.05% 溶液用于皮肤消毒，0.1% 溶液用于鹅舍喷洒及种蛋消毒，0.5% ～ 1% 溶液用于饲养工具等的消毒。

（7）环氧乙烷。为易挥发液体，沸点 10.7℃，遇明火易燃烧或爆炸。常将其与二氧化碳按 1 ： 9 的比例混合，储存于高压钢瓶中。作为一种广谱且高效的气雾消毒剂，环氧乙烷的穿透力优于甲醛蒸气，能够有效地杀灭病毒、细菌、芽孢和霉菌等微生物。此外，它也广泛用于垫草的熏蒸消毒，并且具有杀虫效果，

用量为 700 ~ 950 mL/m³。需要注意的是，环氧乙烷对人和动物具有一定毒性，因此在操作时应避免直接接触，并在熏蒸完成后至少保持 24 h 的通风，以确保安全。

（8）甲醛。市售商品的甲醛有效含量为 36% ~ 40%，无色带刺激性气味的液体，具有强大的杀菌能力，能够有效地杀灭细菌、芽孢、霉菌和病毒。喷洒消毒常用 3% ~ 8% 的甲醛溶液，熏蒸消毒用量为 30 mL/m³ 甲醛溶液加 15 g 高锰酸钾。甲醛对人和动物有害，在使用甲醛时，应采取适当的安全措施。

（9）漂白粉。漂白粉为粉剂，其中有效氯含量为 25% ~ 30%，本品为强氧化剂，不能与金属物品、有色织品接触，对细菌病毒有杀灭作用，高浓度对芽孢有杀灭作用。饮用水体加入漂白粉 6 ~ 10 g/m³ 即可。水槽、饮水器等的消毒常用浓度为 3%；对场地及车辆消毒常用 10% ~ 20% 乳剂喷洒。

（10）酒精。酒精为无色、有刺激味道的液体。75% 的酒精常用于局部皮肤消毒和手的擦拭消毒。

（11）氯胺。商品氯胺含有效氯 12%。用于饮水消毒时，每升水加入 2 ~ 4 mL 氯胺。1% 溶液常用于种蛋喷洒消毒。0.5% ~ 1% 溶液用于环境喷洒消毒。最好现配现用，对金属及有色织物有氧化作用。

（12）碘酒。为局部皮肤消毒药。常用规格为含 2% 碘的酒精溶液。应注意将溶液存放在避光的环境中，以保持其稳定性和有效性。

第三章 仔 鹅

29 日至 55 日龄的鹅称为仔鹅，即育雏期结束到被选为后备种鹅或转入育肥的阶段。仔鹅阶段是肌肉、骨骼和羽毛快速发育的时期，觅食能力、消化能力、对外界环境的适应能力和抗病能力都有了显著的提升。在这个阶段，鹅的食量大、耐粗饲，因此该阶段饲养以放牧为主，可以最大限度地将青绿饲料转化为鹅肉产品，同时，适当地补充一些精饲料，以满足鹅快速生长所需的营养物质。这个阶段，鹅生长发育的水平对育肥鹅的体重和后备种鹅的质量有着直接的影响。

29 日龄

外貌特征

额头顶部肤色逐渐变成粉红，标志性的肉瘤开始发轫。绒毛大翻白并脱落，新的雏羽开始密集生长，尾部、体侧、翼、腹部特别明显，不同类型羽毛交错分布。平均体重达到 1 600 g。

图 3-1　29 日龄仔鹅

图 3-2　仔鹅头部

生理特点

自由采食时，鹅有调节采食量以满足能量需要的本能。日粮能量水平低时，鹅会自己多采食饲料；日粮能量水平高时，鹅会减少采食量。29 日龄仔鹅每只采食量：精料 180 g，青料 680 g。日均每只鹅的粪便重量为 580 g。

管理要点

雏鹅开始从育雏舍转入仔鹅舍，转群时应注意以下几点：

（1）气温。夏天高温季节，应在早晨或傍晚进行转群；冬天寒冷季节，应在中午温暖的时候转群。

（2）转群前。雏鹅转群前停喂饲料一餐，空腹转群。

（3）转群时。雏鹅从育雏舍转入仔鹅舍时，应按大小、强弱分开饲养。饲养人员抓放动作要轻，减少对雏鹅的人为损伤。

（4）转入后。雏鹅转入仔鹅舍后，在饮水、采食前应该让其有一段熟悉新环境的时间，一般在雏鹅转入仔鹅舍 1 个小时后让其饮水、采食。

疫病防控

（1）减少应激，预防为主。从雏鹅饲养转入仔鹅饲养阶段，饲养环境、饲料种类、饲喂方式变化很大。因此，在饲养管理过程中必须遵循逐步过渡原则，循序渐进，让其逐步适应。否则可能因环境、饲料、饲养等改变而引起不适或发病。

（2）关注气温，避免受凉。仔鹅前期饲养，在放牧时尽量要做到夏天早出晚归，冬天迟出早归。同时要注意天气骤变，特别是冬天冷空气或夏天雷暴天气，要避免仔鹅受凉感冒。

（3）注意饲料保存，减少霉变发生。要保证饲料的质量，发霉、变质的饲料会引起霉菌病的发生。要定期检查饲料状态，梅雨季节等潮湿天气，可适当在饲料中添加脱霉剂。

链接与分享——营养搭配

饲料组成中，单价成本最高的是蛋白饲料，总价成本最高的是能量饲料。玉米、小麦及大麦等谷物原料富含淀粉，是最常见的能量饲料原料。在浙东白鹅饲养上，动物性油脂的利用需要更加谨慎。大豆油、菜籽油等植物性油脂虽然能值更高，但成本过高，不适合鹅饲料使用。豆粕、菜籽粕、大豆分离蛋白这类蛋白类饲料原料，由于价格昂贵，一般在前期小鹅料、产蛋期鹅料中添加较多。在育成、育肥期鹅上可少用或不用，使用玉米、稻谷、大麦等原料替代以降低成本。同时，辅以一定比例的谷壳、粗糠等粗饲料和青料，否则易出现消化不良、维生素缺乏等疾病症状。

图 3-3　切碎的包心菜

30 日龄

绒毛大翻白并逐渐脱落，片羽、绒羽不断生长，尾部、体侧、翼、腹部羽毛生长加快。初级毛囊逐渐形成片羽，次级毛囊形成绒羽。平均体重达到 1 660 g。

图 3-4　30 日龄仔鹅

对外界环境的适应性以及抵抗力都大大提高，消化能力增强，是鹅一生中骨骼、肌肉和羽毛生长最快的阶段。30 日龄仔鹅每只采食量：精料 180 g，青料 690 g。日均每只鹅的粪便重量为 590 g。

管理要点

保持适宜温度 16 ~ 18℃。鹅舍一般不加温，但在寒冷季节，应引起注意，及时做好冷空气来袭的防范。如自然温度与育雏末期的室温相差太大，及时防风保暖，以免诱发鹅感冒或其他疾病。

逐步扩大饲养面积。从网上笼养转到地面饲养时，雏鹅一下地，活动量增大，一时不适应，会造成喘气、拐腿，重者瘫痪。因此地上活动面积不宜过大，待 2 ~ 3 天后再逐渐扩大。继续在网上饲养的仔鹅，应转到网眼较大、面积较大的仔鹅舍。

疫病防控

常见疫病与防治——异食癖

本病是由于环境、营养、疾病、遗传等因素的影响而发生的一种复杂的综合征。

病因：异食癖包括啄羽癖、啄肛癖、啄蛋癖和啄食癖，鹅以啄羽癖多发。雏鹅在育雏期，由于密度过高、环境潮湿、光线过强或营养缺乏等，都能引起啄羽癖；仔鹅在开始生长新羽毛换小毛时易发生；产蛋鹅在盛产期和换羽期发生。

症状：首先由个别鹅自食羽毛或相互啄食羽毛，使鹅背后部羽毛稀疏残缺。然后，很快在鹅群中传播开，相互追逐啄食羽毛，影响鹅群的生长发育。鹅毛残缺，新生羽毛根坚硬，有的毛孔出血、发炎、结痂。右图可见，被啄鹅的背部被啄掉大量羽毛，使皮肤暴露出来。

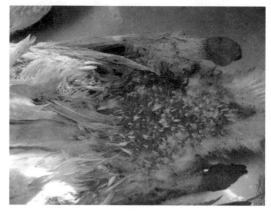

图 3-5　被啄掉羽毛的裸区

防治措施：根据具体的病因，采取针对性防治措施。现介绍几种方法供参考。

（1）雏鹅去喙法。使用电动去喙器等器械去掉一点嘴尖。必要时再进行第二次去啄。

（2）隔离病鹅。有啄癖的鹅和被啄伤的病鹅，要及时、尽快地挑出，进行隔离饲养与治疗。

（3）营养补充。首先，应评估日粮配方是否达到全价营养，及时补充缺失的营养成分。例如，蛋白质和氨基酸不足，可添加豆饼和氨基酸等补充剂；有啄羽行为，可能是由铁和维生素 B_2 缺乏引起的，应对每只成年鹅每天补充 1 ~ 2 g 硫酸亚铁和 5~10 mg 维生素 B_2，连用 3 ~ 5 天；若暂时无法确定啄羽的具体原因，可在饲料中添加 1% ~ 2% 的石膏粉，或者每天为每只鹅提供 0.5 ~ 3 g 石膏粉；由缺盐引起的恶癖，可在日粮中添加 1% ~ 2% 的食盐，并确保充足的饮水供应，通常这种恶癖会很快消失，随之将食盐含量维持在 0.25% ~ 0.5%，以防食盐中毒；由缺硫引起的啄肛行为，可在饲料中添加 1% 的硫酸钠，通常 3 天见效。

（4）加强饲养管理。控制饲养密度，保持鹅舍干燥、通风，勤换垫料，降低舍内氨气，控制光线强度，提供均衡营养，精、粗、青饲料合理搭配，加强疫病预防。

鹅言鹅语

终于满月啦！经过主人一个月的精心喂养，我由小黄鹅变成了小白鹅，从雏鹅长大成仔鹅，体重突破 1.5 kg。从此加冠及笄，由小雏鹅长大成青年鹅，我向往走出室外、奔赴山海，直至浪迹天涯……

31 日龄

外貌特征

　　绒毛稀白，肋毛二点、肩端二点新羽毛生长，形成明显可见的"四点花"。平均体重达到 1 650 g。

生理特点

　　鹅的躯体发育呈现从前向后逆向发育顺序，头部属早熟部位，大腿属晚熟部位。各器官的发育顺序是肠—胃—肝脏—心脏，肌肉和腹脂属于晚熟组织。31 日龄仔鹅每只采食量：精料 185 g，青料 720 g。日均每只鹅的粪便重量为 600 g。

管理要点

　　根据肉用仔鹅的生长特点，结合饲养条件和饲养设施状况，选择科学合理的饲养方式。进行肉用仔鹅饲养时，可以舍内网上饲养或地面垫料饲养。在地面垫料式饲养时，如有舍外水上运动场，且在水质清洁的条件下，可采用定时放水的方式让鹅洗浴，以保持鹅体清洁。没有条件或水质不清

图 3-6　31 日龄仔鹅

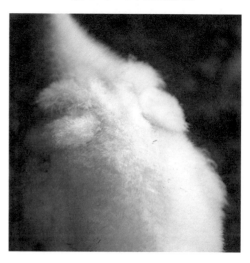

图 3-7　仔鹅背部"四点花"

洁的地方，严禁让仔鹅下水洗浴。此时，必须保持鹅舍通风，垫料清洁、干燥，使鹅能健康生活、生长。

图 3-8 放牧中的仔鹅

鹅言鹅语

　　我们的瞳孔很特别，像个凸视镜，能将看到的物体缩小，所以，在我们眼中一切都是不足为惧的，导致了"天不怕地不怕"的特点，得了"农村三霸"的诨名。其实，我们之所以敢跟人类打架，似乎不是胆子有多大，而是"小看"人了。

32 日龄

外貌特征

绒毛稀白，新羽长短不一。仔鹅运动加强，鹅跖、趾粗壮，脚蹼增厚。跖、趾、蹼和喙的颜色有所加深。平均体重达到 1 700 g。

图 3-9　32 日龄仔鹅

生理特点

仔鹅进入生长高峰期，体重增长逐日加快。鹅有强大的采食和消化饲料的能力，来满足其快速生长发育所需要的营养物质。32 日龄仔鹅每只采食量：精料 192 g，青料 800 g。日均每只鹅的粪便重量为 650 g。

管理要点

由于浙江东部河、塘等水域众多，传统饲养者常将养鹅与养鱼相结合，利用鹅粪来肥水养鱼，将育雏结束后的仔鹅放于河、塘中。实际上，这种饲养方式极易引起河、塘污染，不利于环境保护和健康养鹅。肉用仔鹅养殖应以全舍饲为好。对确需在仔鹅饲养结束后进行选育留种的，应选择清洁、流动水源的地方饲养，并采取定时下水的方式，以保证河、塘水质清洁卫生，鹅羽毛干净、洁白。

常见疾病及其防治——有机磷农药中毒

病因：有机磷农药是农村使用最广泛、用量最大的杀虫剂，包括敌敌畏、敌百虫、乐果等，对人、畜有较强的毒性。鹅对有机磷农药非常敏感，如果鹅群接触、吸入有机磷农药或者误食了含有机磷农药的饲料、青草、谷物，都会引起中毒。

临床症状：大多数鹅为急性中毒，最快的在几分钟内没有明显症状即突然抽搐死亡。病程稍长的，表现为兴奋、流涎，食道膨大部积食，痉挛逐渐加重，体温下降，不能行走，卧地不起，喙、肉瘤为紫暗色，最后麻痹、昏迷而死亡。慢性中毒病情较长，在1周左右死亡。

病理变化：食道膨大部可见大量未经消化的饲草，带有蒜臭味，黏膜肿胀、充血、出血，容易脱落；气管、支气管内充满白色泡沫样黏液；肺充血、水肿，肝、脾、肾肿胀等。

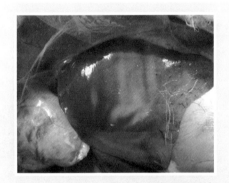

图3-10　有机磷农药中毒之肝脏肿大

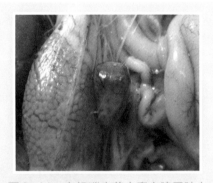

图3-11　有机磷农药中毒之腺胃肿大

图3-12　有机磷农药中毒之脑膜水肿

诊断：根据病史、症状和诊断性治疗，可做出初步诊断，确诊应采集死亡鹅食道膨大部的内容物进行检测。

防治措施：预防中毒，应不到喷洒过有机磷农药的农地、草场放牧，避开路旁边喷过农药、除草剂的道路。饲喂的牧草、菜叶、谷物饲料、饮水等必须无农药污染。一旦发现鹅群中毒，立即将鹅群驱离有毒环境，停喂有毒食物。同时，开展救治：中毒早期可灌服颠茄酊，每只鹅 0.02 ~ 0.2 mL，也可皮下注射阿托品、解磷定等进行急救。饮水中可加入葡萄糖和维生素 C，并给予大量饮水，以保护肝脏，帮助解毒。

常见除草剂中的草甘膦也是一种有机磷农药，草甘膦经植物角质膜和气孔吸收后，能溶解杂草的叶、枝、茎表面蜡质层，迅速进入植物传导系统产生作用，杀死包括根在内的整个植株，使杂草枯竭死亡。如果鹅群误食喷洒在农田、地坎、路旁的草甘膦同样会中毒。症状和治疗方法同上。

33 日龄

外貌特征

　　绒毛稀白，颈、背部绒毛脱落，新羽开始长出。头大、额高、嘴扁宽。平均体重达到 1 790 g。

生理特点

　　鹅头部发育较早，前额高大是鹅的主要特征。头部包括颅和面两部分。颅部位于眼眶背侧，分为头前区、头顶区和头后区。浙东白鹅在头顶区喙基上部长有半球形肉瘤，肉瘤随日龄增加而增大，公鹅比母鹅大。面部位于眼眶下方及前方，分为上喙区、下喙区、眼下区、颊区和垂皮区。鹅喙由上下颌组成，扁而宽，呈楔形，角质较软，表面覆有蜡膜，下喙有 70 ~ 80 个数量不等的锯齿，舌面乳头发达。浙东白鹅没有咽袋。33 日龄仔鹅每只采食量：精料 198 g，青料 730 g。日均每只鹅的粪便重量为 680 g。

图 3-13　33 日龄仔鹅

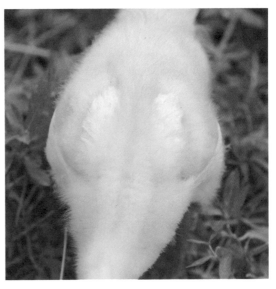

图 3-14　仔鹅刚长出的新羽

管理要点

　　仔鹅的饲养，要根据生长需要逐步加大饲料用量，有放牧条件的鹅场要加大放牧强度。在饲喂上，一般昼夜各饲喂 1 次，有条件的鹅场也可喂颗粒料。饲料放置位置应分散或将鹅分批饲喂，防止鹅群进食时扎堆拥挤，导致饲喂不均进而生长不均。另外，鹅在吃食时有饮水洗嘴的习惯，圈内可设置长条形的水槽或在适当位置分散放几个水盆，及时添换清洁饮水。

图 3-15　放牧中的仔鹅

鹅言鹅语

　　我是天然绿色无污染的"除草战斗机"。把我放养在果树下，实行农牧结合，不仅能"用草换鹅肉"，而且能省下人工除草成本。

图 3-16　"红美人"与仔鹅

　　有机肥富含氮、磷、钾等植物所需的主要养分，使果树结出来的果子更大、更甜，真是一举多得啊！漫山遍野的"红美人"果园，树上挂着一颗颗黄澄澄的橘子，树下一群群自由觅食的鹅，多美的一道风景！

34 日龄

外貌特征

　　浙东白鹅颈较细长，弯曲如弓，能够灵活伸展转动，有助于采食、警戒、防御以及用喙梳理羽毛等。平均体重达到 1 900 g。

生理特点

　　鹅颈椎数量多于其他家禽，共有 17 ~ 18 节，形成较长的"S"形弯曲，颈椎关节突发达，前、后关节面呈鞍状，连接紧密，使颈部能灵活地做屈伸、偏转、采食

图 3-17　34 日龄仔鹅

和梳羽运动。鹅的颈椎又多又长，食道也相对较长，有利于暂储更多的饲料。34 日龄仔鹅每只采食量：精料 204 g，青料 1 000 g。日均每只鹅的粪便重量为 750 g。

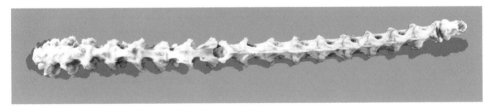

图 3-18　浙东白鹅颈椎

管理要点

（1）对于 34 日龄之前主要喂全价饲料的鹅群，在仔鹅饲养期必须对饲料进行调整，增加粗饲料，如糠麸类饲料，一般精粗饲料比例从 2 ∶ 1 逐步调整至 1 ∶ 2。

（2）对育雏后期已经采用部分谷物饲料的鹅群，一般精粗饲料比例为 1 ∶ 1。

（3）对有条件种草养鹅或有条件放牧的场户，保证供给足够的青绿饲料。

（4）放牧条件好、牧草丰盛的地方，放牧时不需补饲精料，晚上补饲一次即可。

链接与分享——家禽界"长寿动物"

农村常见的家禽中，鸡的平均寿命只有 8 年，鸭为 20 年左右，而鹅的寿命一般在 25 年左右，最长可达 60 年以上，属于家禽界的天花板。散养的鹅寿命一般可以活到 25 岁以上，而圈养的鹅大多属于规模养殖，经济利用价值在 5～10 年。

鹅以采食草、水生植物或饲料为主，饮食结构相对清淡，减少了身体负担。鹅的免疫系统较强，能够有效抵御疾病，有助于延长寿命。

鹅言鹅语

青春期的小伙伴们，特爱梳妆打扮，不断用嘴啄取尾脂腺的分泌物涂擦在羽毛上，增加羽毛的光泽、弹性，还能防水。我的尾脂腺非常好用，分泌物富含油脂和维生素 D。但我没有皮脂腺和汗腺，一些没有羽毛的裸区能帮助我直接散热。

35 日龄

外貌特征

鹅躯体呈长方形，前高后低，似船型。鹅行走时昂首挺胸、傲视前方，威风凛凛、气质不俗。平均体重达到 2 015 g。

图 3-19 35 日龄仔鹅

生理特点

心、肝、脾和胰脏从初生到 35 日龄的早期阶段表现出强烈的生长趋势。35 日龄时，肝脏、脾脏、胰脏的相对比例已达到 20 周龄的水平，而心脏在 15 周龄时才接近 20 周龄的水平。在 35 日龄时公鹅肝脏显著大于母鹅，并一直保持到 20 周龄。35 日龄仔鹅每只采食量：精料 210 g，青料 1 100 g。日均每只鹅的粪便重量为 760 g。

管理要点

在仔鹅饲养初期，机体抗病力相对较弱，加之从室内饲养向户外放牧的过渡，环境应激，容易引发疾病。为增强其抗应激能力，可在饲料中添加黄芪多糖和多维。放牧的鹅群容易接触到野外的病原体，因此在放牧过程中，一旦发现邻近地区或上游放牧的鹅群出现传染病，应立即改变放牧地点，减少疾病传播的风险。同时，应避免在可能受到工业或农业有害污染物影响的水域放牧，对于近期使用过农药或化肥的草地、果园和农田，应至少等待 10 ~ 15 天后再进行放牧，防止中毒。

图 3-20　放牧中的仔鹅

日常管理中，需要定期清洗饲料槽和饮水盆，保持养殖场区的清洁卫生。定期更换垫草，确保鹅舍通风干燥，并定期对鹅舍及其周边环境进行消毒。

鉴于仔鹅自卫能力不足，鹅舍应配备防鼠和防兽害的设施，其中防兽害措施尤为重要。在乡村田野中，常有流浪的猫狗，因此必须确保鹅群始终在人的监护之下，避免潜在的威胁。通过这些细致的管理措施，可以有效地保证仔鹅的健康，促进它们的生长、发育。

疫病防控

常见疾病及其防治——鹅传染性鼻窦炎（鹅支原体病）

病因：该病是由支原体感染引起的一种接触性慢性呼吸道传染病，又称鹅支原体病、鹅慢性呼吸道病。本病一年四季均可发生，秋末至春初多发。雏鹅、仔鹅发病率和死亡率比成年鹅高。本病的危害主要是造成病鹅生长速度减慢、产蛋量下降、渐进性消瘦。

临床症状：病初表现为摇头、打喷嚏、流浆液性鼻液、眼结膜潮红、流泪。而后鼻孔流出浆液性、黏性、脓性分泌物，鼻孔周围形成结痂，眼睑肿胀，眶下窦肿大。最后食欲下降、生长停滞、逐渐消瘦，种鹅产蛋率、受精率、孵化率下降，病鹅陆续死亡。

病理变化：鼻道被分泌物堵塞；眶下窦，黏膜肥厚、水肿、充血、出血，并充满大量灰白色混浊的浆液性、黏液性分泌物或干酪样物；严重病例可见气囊炎，气囊壁混浊、增厚，并有干酪样渗出物附着。

防治措施：

1. 预防措施。加强饲养管理，搞好清洁卫生，保持鹅舍干燥、通风。对鹅舍、场地、道路、周围环境、饲养用具、种蛋、孵坊以及饲养人员等各

图 3-21 鹅传染性鼻炎之头部

个环节，开展经常性卫生消毒。饲料营养均衡，定期添加黄芪多糖、左旋咪唑、维生素预混剂，增强抵抗力。鹅群采用鸡毒支原体－滑液囊支原体二联灭活疫苗进行免疫接种。

2. 治疗方案。

（1）选用泰乐菌素、环丙沙星、多西环素等药物进行治疗，为防止产生耐药性，最好选用 2～3 种药物交替使用，连用 4～5 日。

（2）中药治疗，黄芩 50 g、金银花 60 g、连翘 30 g、桔梗 25 g、知母 25 g、桑白皮 30 g、苦杏仁 25 g、前胡 30 g、橘红 30 g、甘草 20 g，研末备用，每只鹅3～5 g。

鹅言鹅语

　　我的器官发育很不均衡，比如卵巢仅左侧发育正常，右侧在个体发生的早期停滞，孵化出壳后不久即退化。我的肝脏是体内重要的代谢器官和解毒器官，分为左右两叶，右叶略大，随着日龄增加颜色由黄褐渐渐变成红褐色。

36 日龄

外貌特征

　　绒毛稀白，体态稍显肥胖，跑起来双翅展开、身体左右摇摆。35 日龄以后，公母鹅的体重差异开始显现。平均体重达到 2 085 g。

图 3-22　36 日龄仔鹅

生理特点

　　鹅躯干骨由脊椎、肋骨和胸骨构成。除颈椎、尾椎外，由胸椎、腰椎、荐椎与肋骨、胸骨等连接构成一个空腔，即胸腹腔，有容纳和保护内脏的作用。鹅的坐骨、耻骨不相连接，形成骨盆，这是鹅骨骼与哺乳动物不同的地方，主要功能是便于鹅能够产出大而硬的蛋。36日龄仔鹅每只采食量：精料216 g，青料1 100 g。日均每只鹅的粪便重量为770 g。

管理要点

对体重弱小的鹅，要加强饲养，多给优质青饲料和配合饲料，促进生长发育，提高鹅群的整齐度，利于出栏。36日龄以后，随着鹅的长大，料盆大小可改为直径45～60 cm、深12～20 cm，盆口距地面15～25 cm，并增加料盆数量，以免鹅群抢食而挤压。每天喂料保持2次，晚上喂1次，并喂足青绿饲料。

仔鹅生长速度快，抗病能力也有所增强，饲养人员在该阶段的饲养管理上最容易出现松懈、麻痹，饲养上粗放、随意，管理上漫不经心，也会导致生长发育迟缓，发生各种疫病。因此，仔鹅饲养管理这根弦一天不能放松。

链接与分享——神奇的尾脂腺

大多数禽类的尾脂腺由被膜和腺小管构成。根据腺小管的长度、管腔上皮的厚度及管腔的宽度，尾脂腺可划分为三个区域：Ⅰ区、Ⅱ区和Ⅲ区。其中，Ⅰ区对应尾脂腺的外周小管，Ⅱ区对应中间小管，Ⅲ区对应内部小管。三个区域管腔上皮均由基底层、中间层、分泌层和退化层组成，各层均具有特定的结构和功能。基底层含有干细胞，可以分化为其他分泌细胞，参与尾脂腺脂质的合成和分泌。中间层细

图3-23　仔鹅尾脂腺

胞质中存在大量椭圆形或棒状的线粒体，这些线粒体具有分泌脂质的重要功能。分泌层和退化层细胞质中含有较多的脂肪滴，表明其脂肪合成水平较高。

图 3-24　成年鹅尾脂腺

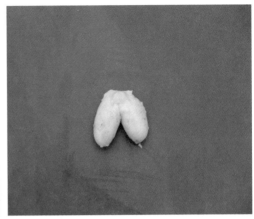

图 3-25　剖检的尾脂腺

　　尾脂腺的分泌物具有十分重要的生物学功能，尤其在增强禽类羽毛的光泽与柔韧性、保持其良好状态以及抵御侵害羽毛的细菌方面，它有着举足轻重的作用。

37 日龄

鹅翅膀位于左右两侧，呈"Z"字形，粗壮有力，跑步、飞翔时展开。鹅相互搏斗时，翅膀就成为搏斗的工具。平均体重达到2 090 g。

生理特点

翼骨有三段，平时折成"Z"字形贴在胸廓上。翼骨的第一段是发达的肱骨，为含气骨；第二段为桡骨和尺骨；第三段为2块小的腕骨、2块掌骨和3块不发达的指骨。翼骨与肩胛骨、乌喙骨、锁骨三骨连接处形成活动度较大的肩关节。发达的翼骨和灵活的关节有利于飞翔和搏斗。37日龄仔鹅每只采食量：精料222 g，青料1 150 g。日均每只鹅的粪便重量为780 g。

图 3-26　37 日龄仔鹅

图 3-27　"Z"字形的翅膀

管理要点

育成期是鹅骨骼和肌肉快速生长期，因此在饲养上要加强营养与运动，特别注意精、粗、青饲料的搭配，逐步增加喂料量，保证育成期鹅生长发育的营养需要，加快其生长速度。如果正遇夏季，不宜过度放牧，还要注意疾病的防控，及时接种疫苗。

鹅言鹅语

少爷公主初长成，引得诗人常唱吟。"韵会长头，善鸣，峨首似傲"，我们颇具君子风范，古人称我们为可鸟。"鹅，鹅，鹅，曲项向天歌，白毛浮绿水，红掌拨清波"。这是很多国人背诵的第一首启蒙诗歌，据说是"初唐四杰"之骆宾王七岁所作。在善良人们眼中，我们是一群雅洁可爱的精灵！

38 日龄

外貌特征

　　尾部、体侧、翼、腹部长出白色大羽，但腹部尚夹有胎绒毛，俗称"草鞋底"。平均体重达到2 160 g。

生理特点

　　食欲旺盛，进食积极主要表现在早晨和傍晚。对环境适应性增强，但鹅喜冷怕热，怕淋雨。38 日龄仔鹅每只采食量：精料228 g，青料1 190 g。日均每只鹅的粪便重量为800 g。

管理要点

　　鹅舍要保持清洁、干燥、空气新鲜。运动场不应有积水，夏天要搭棚遮阴，利于仔鹅休息。饲养密度适中，不宜过高，应

图 3-28　38 日龄仔鹅

图 3-29　38 日龄仔鹅的腹部（俗称"草鞋底"）

随鹅龄增加而不断调整密度。保持群体适度，按大小强弱分群，尤其对生长缓慢的弱鹅应集中喂养，加强管理，使其生长发育能迅速赶上同龄强鹅，不至于延长饲养期，影响整体出售。

疫病防控

做好大肠杆菌、副粘病毒感染等疫病的预防工作。加强饲养管理，增强鹅群抗病能力，是预防各种疾病的重要措施，也是使疫苗免疫获得良好效果的前提条件。调

图 3-30 仔鹅"伸懒腰"

整鹅群的饲养密度，可有效预防呼吸道疾病的发生和传播。注意日粮的合理配合，减少各种营养性疾病的发生，促进仔鹅生长发育。要保持室内通风、干燥、勤添、勤换垫草。饮水器、料槽应定期清洗，避免因被鹅群践踏而污染和粪便污染。

链接与分享——鹅的眼睛

有研究报道，鸟类眼睛的相对重量及视觉敏感度在脊椎动物中居于首位。这种精细的视觉辨别能力，对于鸟类适应环境和生存尤为重要。浙东白鹅具备完美的视觉能力，有高度发达的神经系统和感觉器官，包括协调运动和平衡功能的小脑以及富含视神经细胞的视叶。

浙东白鹅的眼视网膜上，存在两种感光细胞：视锥细胞和视杆细

图 3-31 鹅的眼睛

胞。视锥细胞在视网膜中央凹分布密集，而在周边区相对较少。视锥细胞主要负责昼光觉感知和色觉感知，虽然其光敏感性较差，但视敏度较高。视杆细胞在中央凹处不存在分布，主要集中在视网膜的周边部位。鹅眼拥有非常复杂的结构，除了具备灵敏的空间视觉（包括视网膜区和高密度光子受体凹区）外，对色觉的适应性也非常强，这是由于鹅眼具有四种不同的感光受体，每种受体对应不同的视色素。

39 日龄

外貌特征

后肢粗壮,有四趾,趾间有蹼,行走稳当,善于游泳。头部的颞骨与下颌骨之间的方骨可使口腔开口张大,以便进食大块食物。平均体重达到 2 300 g。

图 3-32 39 日龄仔鹅

生理特点

鹅的后肢骨由髋骨、腿骨组成。髋骨由髂骨、坐骨和耻骨组成,参与形成骨盆。腿骨包括股骨、髌骨、小腿骨、胫跗骨、跖骨和趾骨。后肢骨通过关节和韧带联合,形成牢固和坚强的后肢,起着支撑躯体、行走、拨水等功能。39 日龄仔鹅采食量:精料 234 g,青料 1 250 g。日均每只鹅的粪便重量为 810 g。

管理要点

1. 提供适当洗浴。为促进鹅的新陈代谢与鹅体肌肉和羽毛的生长，可为仔鹅提供洗浴的地方，每天定时放水，但时间不可过长。

2. 加强放牧、喂足青料。充分利用草地，加强放牧，喂足青绿饲料，增加运动强度，促进仔鹅的骨骼与肌肉的生长，增强仔鹅抵抗力。

3. 提供砂砾帮助消化。在饲料中加入一定比例的砂砾，能提高鹅的消化能力。

4. 增加粗饲料。随着仔鹅消化能力的提高，适当增加粗糠、谷壳、草粉等粗饲料，可增强仔鹅的胃肠容积，提高消化能力，同时减少精料消耗，降低饲养成本。

疫病防控

常见疾病及其防治——鹅软脚病

病因：鹅软脚病是一种复杂的疾病，可由多种病因引起，包括病毒性、细菌性、营养性和饲养管理等因素。这种疾病不是独立的疾病，而是一系列症候的统称，亦称为鹅软脚症候群。

临床症状：雏鹅在1周龄后就可发生软脚病，表现为脚软无力，站立不稳，俯卧在地，移动时以跗关节触地爬行，喙变软或弯曲变形，啄食不便，跗关节和肋关节肿胀，生长发育缓慢。

图 3-33　软脚病仔鹅

图 3-34　软脚病仔鹅弯曲的腿

防治措施：首先要确定病因，是其他疾病引起，还是营养缺乏或管理不善所致。如果患有其他疾病，应对因下药，加强疾病治疗，促进康复。如果是营养缺乏所致，则提供均衡营养，在饲料中添加足量维生素、矿物质和微量元素。特别是要增加维生素D和钙质，保持钙磷平衡。若维生素D缺乏，可在每千克饲料中添加鱼肝油10～20 mL，同时添加多种禽用维生素，持续饲喂10～30日，至恢复健康为止。如果是管理不善所致，则要加强放牧运动和增加光照，降低鹅群密度，保持鹅舍清洁卫生、干燥、通风。

链接与分享——羲之换鹅

东晋大书法家王羲之35岁辞官归隐九曲剡溪（今宁波奉化），好鹅、爱鹅、养鹅、赏鹅，与浙东白鹅结下不解之缘。《太平御览》曰："山阴有道士养群鹅，羲之意甚悦。道士云：'为写《黄庭经》，当举群相赠。'乃为写讫，笼鹅而去。"《晋书·王羲之传》载："山阴有一道士，养好鹅，羲之往观焉，意甚悦，固求市之。道士云：'为写《道德经》，当举群相赠耳。'羲之欣然写毕，笼鹅而归，甚以为乐。"父子合书"鹅池"碑，至今矗立在兰亭池畔。

《晋书·王羲之传》还记下另一件事："性爱鹅，会稽有孤居姥养一鹅，善鸣。求市未能得，遂携亲友命驾就观。姥闻羲之将至，烹以待之，羲之叹惜弥日。"

图3-35 王羲之观鹅

　　羲之因观鹅而悟出了书法执笔、运笔之精要，鹅因书圣而名扬四海。他的草书走蛇游龙，自谓得悟于鹅："我书比钟繇，当抗行；比张芝草，犹当雁行也。"

　　此后，"羲之换鹅"被代指书法精妙或文人的洒脱行为，也借称书法高手或精妙的书法作品。如李白"山阴道士如相见，应写黄庭换白鹅"；苏轼"一纸鹅经逸少醉，他年鹏赋谪仙狂"；韩愈"羲之俗书趁姿媚，数纸尚可博白鹅"；薛涛"山阴妙术人传久，也说将鹅与右军"；陆龟蒙"斋心曾养鹤，挥翰好邀鹅"……如此不可胜数，成为文坛趣闻。羲之爱鹅、陶渊明爱菊、周茂叔爱莲、林和靖爱鹤并称"四爱"，代表着文人墨客风雅清逸、迥出尘俗的超然情志。

40 日龄

外貌特征

仔鹅羽毛生长日渐丰满，放牧时间越长变化越快。体躯比其他家禽长而宽，且紧凑结实。平均体重达到2 350 g。

生理特点

鹅骨骼的骨密质致密而坚硬，且有很多含气空腔，重量轻。幼年鹅大部分骨内有骨髓；成年鹅翅膀和后肢的部分骨内有骨髓，其余多数骨髓腔内的骨髓被空气代替，成为含气骨，这是鹅适应飞翔的特点。鹅骨在发育过程中主要通过骨端软骨增生和骨化增长，不形成骨骺。40日龄仔鹅每只采食量：精料240 g，青料1 280 g。日均每只鹅的粪便重量为820 g。

管理要点

管理要点同前日龄。

此时是仔鹅快速成长期，要尽量提供水池、草地等条件，满足洗浴和放牧要求；逐渐增加糠麸、谷壳、草粉、糟粕等粗饲料的占比。此外，还要做好消

图 3-36　40 日龄仔鹅

图 3-37　40 日龄仔鹅的头部

图 3-38　40 日龄仔鹅的脚蹼

毒和清洁卫生，保持鹅舍通风干燥、饲养密度适中。

鹅言鹅语

　　人眼可以感知到"三原色"，我却能比人类多感知到一种，能够感知到"四原色"，所以我能看到更加生动的红、黄、蓝、绿色。比如看一片草地，人类的整体感觉都是绿色，但在我的眼中，却能轻易地找出那些更嫩绿的草。我超强的视力远比听觉和嗅觉发达，无论哪个方向有风吹草动，都会被我看在眼里。

41 日龄

　　翅膀肌肉渐趋发达，慢慢变得丰满有力。尾部比较短平，尾端羽毛略上翘，尾部左右两叶尾脂腺能分泌脂质润泽羽毛。平均体重达到 2 440 g。

图 3-39　41 日龄仔鹅

　　鹅肌肉生长发育开始加快。肌肉生长发育需要能量供给，所以叫作需能器官。需能器官生长发育加快的时间比供能器官要晚，一般都在 40 日龄以后，生长高峰期在 45 日龄以后。41 日龄仔鹅每只采食量：精料 246 g，青料 1 300 g。日均每只鹅的粪便重量为 840 g。

管理要点

　　关键是抓好放牧。实践证明，放牧于草地和水面上的鹅群，因长期沐浴在新鲜空气中，不仅能采食到富含维生素和蛋白质的青绿饲料，而且还能得到充足的阳光照射和足够的运动量，从而促进鹅的新陈代谢，加快肌肉和骨骼的生长发育，强壮体质，增强对外界环境的适应性和抗病能力。有句话叫作"鹅要壮，需勤放；鹅要好，放青草"，这充分说明放牧对促进仔鹅生长发育具有重要作用。

图 3-40　放牧中的仔鹅

　　合理利用放牧场地。仔鹅的放牧场地要有足够数量的草源，对草质的要求可以比雏鹅的低些。一般来说，1 000 只规模的鹅群需自然草地约 6.7 公顷。农区耕地内的野草、杂草以及田边草地，每公顷可养鹅 120 ~ 150 只。有条件的可实行分区轮牧制，每天选择 1 个区域的草地进行放牧，放牧间隔在 15 天以上，把牧草的利用和保护结合起来。放牧场地中最好有一部分茬口田或有一块含野草种子的草地，使鹅在放牧时能吃到一定数量的谷物类精料，防止能量不足。群众的经验是"夏放麦场，秋放稻场，冬放湖塘，春放草塘"。

常见疾病及其防治——鹅坏死性肠炎

病因：该病是由魏氏梭菌引起的一种急性传染病，又叫魏氏梭菌性肠炎。主要经过消化道感染，各种日龄的鹅均可发生感染。魏氏梭菌存在于粪便、阴沟、污水塘、变质发霉饲料中。球虫感染、霉菌毒素作用、病原体侵入以及维生素缺乏等都能引起鹅肠道黏膜受损、坏死、脱落，导致魏氏梭菌侵入感染。

临床症状：病鹅精神状态差，羽毛蓬乱，食欲下降，腹泻，排出黑色或带有血液的稀粪。病鹅体质虚弱，不能站立，有的跛行或卧地不起。呈急性死亡。

病理变化：肠道产气膨大、色黑，肠内容物稀薄黑色，肠道严重发炎、出血，黏膜大量脱落，小肠后段黏膜坏死。剖检可见图 3-41。

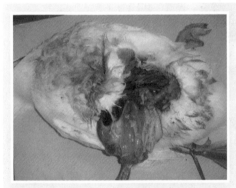

图 3-41　鹅坏死性肠炎之肠道病变

防治措施：加强鹅场清洁卫生和消毒工作，及时清理鹅场粪污，鹅粪应进行堆积发酵处理，防止鹅群误食阴沟污水。定时采取措施预防消化道病原菌和寄生虫病感染。加强饲养，确保饲料营养全面，特别是要满足鹅对维生素 A 的需要。一旦发生坏死性肠炎，可选用林可霉素、青霉素、地美硝唑等药物进行治疗，疗效较好。

鹅言鹅语

　　我耐寒而怕热，夏季活动量减少，喜欢待在树荫底下，采食下降、体重减轻，开始脱去厚厚的羽毛，停止产蛋。少爷们精子少而弱，失去交配兴趣。听说台州仙居有个江腾鹅业，安装了连片光伏发电板，农光互补、发电遮阴两不误，仙居的鹅兄鹅妹们真是过上了"神仙"般的幸福日子呀！

图 3-42　仙居江腾大白鹅专业合作社

42 日龄

外貌特征

头部和背部还有少量黄色绒毛，背部大羽生长加快，胸腹部大羽基本长齐，肉瘤和喙、跖、脚蹼颜色逐渐加深。有时候会单腿站立，双腿轮流进行放松，缓解肌肉疲劳。平均体重达到2 520 g。

生理特点

羽毛是由皮肤衍生而成，先形成毛囊，产生羽根，羽根末端与真皮形成羽毛乳头，血管由此进入羽髓，羽毛在生长过程中所需的营养就通过羽髓血管供给。羽毛没有成熟时，羽根中充满带有血管的羽墟，呈红色，俗称"血管毛"。羽毛成熟后，血管从羽毛上部开始萎缩、退化，逐步后移至羽根，羽根呈白色。42 日龄仔鹅每只采食量：精料246 g，青料1 350 g。日均每只鹅的粪便重量为855 g。

图 3-43　42 日龄仔鹅

图 3-44　42 日龄仔鹅的头部

管理要点

对于有放牧条件的鹅群，应优先以放牧方式进行饲养；而对于没有放牧条件的圈养鹅群，饲养则以粗饲料为主，尽量满足青绿饲料，并适当补充精料。对体重偏小的鹅群要加强饲养管理，多投喂优质青饲料及配合饲料。该阶段鹅饮水量较大，应保证提供清洁饮水。对于有水源条件的鹅场，应尽量满足鹅群嬉水的需求，保持每天嬉水2次以上。

疫病防控

加强日常消毒，饲养用具每隔2天消毒一次。鹅舍和活动场地每隔7天消毒一次。或者采用臭氧机自动消毒，每天早晚各1次。

图 3-45　圈养的仔鹅

及时清理鹅舍。随着仔鹅食量的增大，排泄物不断增多，如不及时采取调整饲养密度、改善通风、添加垫料等措施，鹅舍内湿度会迅速提高，氨气浓度增加，容易导致疾病的发生。因此，保持鹅舍干燥和清洁卫生是仔鹅饲养的必修功课。

鹅言鹅语

　　3～6周龄是我的快速生长期，处于增重速度逐渐增加的阶段。6周龄末体重可以达到出壳重的 16.5 倍左右。在这一阶段，我已经完全适应了营养方式上的转变，胃肠道发育程度基本可以满足我摄入、消化、吸收营养物质的需求。

43 日龄

外貌特征

背部大羽逐步生长，胸腹部大羽茂密。鹅体圆滑，活动灵活，叫声开始出现沙哑。平均体重达到 2 600 g。

生理特点

鹅的大肠由一条短而直的直肠和一对盲肠构成，鹅没有结肠。盲肠呈盲管状，盲端游离，长约 25 厘米，比鸡、鸭都要长。盲肠具有一定的消化粗纤维的作用。43 日龄仔鹅每只采食量：精料 250 g，青料 1 400 g。日均每只鹅的粪便重量为 860 g。

图 3-46　43 日龄仔鹅

管理要点

随着日龄的增大，放牧时间应逐渐延长，直至整天都在放牧。鹅的采食高峰是在早晨和傍晚，因此，放牧要尽量做到早出晚归。同时，傍晚时放牧尽可能选择茂盛的草地。

常见疾病及其防治——禽霍乱

病因及流行病学：该病是由禽型多杀性巴氏杆菌引起的一种急性、败血性传染病，具有发病快、发病率和死亡率高的特点。各种日龄的鹅均可发生，但以种鹅及育成中后期鹅易发。本病的发生无明显季节性，但在秋冬或早春较多。

临床症状：根据病原的毒力和鹅的抵抗力的不同，临床上可分为最急性型、急性型和慢性型。最急性型：在流行初期，几乎看不到症状，而后突然死亡。急性型：病鹅表现为精神委顿，闭目呆立，羽毛松乱，头藏于翅下，不食或少食，饮水增多。随后呼吸困难，喙、肉瘤、脚蹼发绀，鼻、口流涎，排绿色、白色稀粪，最后昏迷死亡，病程 1～3 天。慢性型：一般在流行后期病鹅转入慢性型，表现为消瘦、精神委顿，鼻、口腔常流少量黏液，腹泻，消瘦，喙、肉瘤苍白，有的病鹅关节肿大，跛行，病程可达数周。

病理变化：最急性型病例偶见心冠脂肪出血点。急性型病例可见全身性充血、出血；心冠脂肪出血，心包积液，呈淡黄色；腺胃、肌胃以及腺胃与肌胃交界处有出血点或出血斑；肠道弥漫性出血，有黄色纤维样物质附着；肝脏肿大，呈土黄色或暗红色，质地脆，表面有灰白色坏死点（本病特征性病理变化）；胆囊充盈；肺脏水肿、出血，气管、支气管黏膜充血、出血，气囊

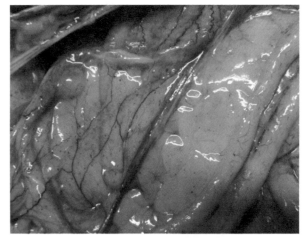

图 3-47　禽霍乱之脂肪出血

发炎、混浊。慢性型病例为局限性感染，病变也有差异。一般以呼吸道炎症为主，肿胀关节内有干酪样渗出物，肝脏脂肪变性或有坏死灶。

图 3-48　禽霍乱之肝脏病变　　　　图 3-49　禽霍乱之卵巢病变

防治措施：

1. 预防：加强饲养管理，提高鹅群抗病力；尽量减少鹅群应激；给 42 日龄仔鹅注射禽霍乱灭活苗 1 毫升，每年注射 2 ~ 3 次。对疫苗注射不便的鹅群，可选用抗菌药物定期预防，但用药应注意疗程、抗药性和药物残留等问题。

2. 治疗：发病后应立即隔离病鹅，并清栏消毒，特别是水体消毒，有条件的可迅速将未发病鹅迁至安全场地，加强饲养管理。药物治疗方案：①对于发病严重的鹅，每只鹅注射青霉素 10 万单位、磺胺嘧啶 1 毫升（也可用磺胺 -6- 甲氧嘧啶），同时在饮水中添加倍福星，每 100 g 兑水 600 kg，集中喂饮，连用 3 ~ 5 天。②对于一般病情的鹅群，在饲料或饮水中添加复方敌菌净，每千克水添加 1 g（首次剂量加倍），并配合使用 2% 环丙沙星，每千克添加 1.5 g，连用 3 ~ 5 天。③也可用土霉素、金霉素、磺胺 5 甲氧嘧啶、复方新诺明及抗菌中药制剂。

鹅言鹅语

　　我的嘴与鸡不同，喙部扁平，上下喙布满锯齿，舌侧及表皮角质层亦呈锯齿状。这些锯齿具有牙齿的功能，能撕咬牧草及坚硬食物。锯齿会随着组织不断生长而增长。如果青料供应不足，我就要像老鼠、兔子那样通过啮齿行为来磨损生长旺盛的锯状齿，如啃咬木制围栏或者遮阳绿植。主人要给我提供足够的青料哦！

44 日龄

体侧大羽基本长齐，羽毛丰满、洁白；身体挺拔，叫声嘶哑。休息以卧睡为主，也有站立睡的情况，分单腿站立与双腿站立睡觉。平均体重达到 2 690 g。

根据鹅羽毛形态可分为正羽、绒羽和纤羽三类。正羽也叫廓羽，覆盖于体表，正羽中间有羽轴，下段为羽

图 3-50　44 日龄仔鹅

根，上段为羽茎，羽茎两侧是羽片，羽片由许多相互平行的羽枝构成，羽枝上又向两侧分出两排小羽枝，小羽枝上有小钩，相互钩搭交织在一起，形成羽片。绒羽密生于皮肤表面，没有羽轴，只有短而细的羽茎，蓬松的羽枝呈放射状直接从羽茎发出，呈朵状，主要有保温作用。纤羽是单根存在的纫羽枝，细软而长，形如长发，主要着生在无绒羽的地方。44 日龄仔鹅每只采食量：精料 258 g，青料1 500 g。日均每只鹅的粪便重量为 900 g。

放牧要与放水相结合。鹅吃到八九成饱后，会有大部分鹅停止采食，此时应及时放水。把鹅群赶到清洁的池塘中充分饮水和洗澡，每次约半小时，然后赶鹅

上岸，让它们抖水、理毛、休息。放水的池塘或河流的水质必须干净、无疫源污染、无工农业污染，池塘或河流旁边要有一片空旷地供鹅栖息。

疫病防控

常见疾病及其防治——鹅黄病毒病

病因：该病又称坦布苏病毒病，是因坦布苏病毒感染引起的一种急性、具有高度传染性的疾病。

临床症状：发病鹅采食量下降，拉绿色、黏稠、恶臭粪便，产蛋鹅的产蛋量骤然下降。发病鹅有站立不稳、脚麻痹等症状。

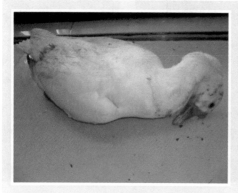
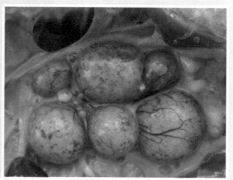

图 3-51 鹅黄病毒之病死鹅　　　图 3-52 鹅黄病毒之卵巢病变

病理变化：发病母鹅卵泡膜严重充血、出血，呈紫葡萄色，甚至破裂于腹腔，呈卵黄性腹膜炎病变。发病鹅脾脏肿大、出血，严重的会出现破裂等病变。

防治措施：

1. 因病毒直接侵害肝脏和肾脏，故本病治疗应注重肝细胞的修复，考虑使用保肝护肝药物，建议使用黄栀

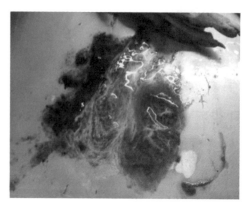

图 3-53 鹅黄病毒之绿色粪便

口服液，每瓶250毫升兑水200千克，饮服，连用5天。

2.鹅感染后发生高热，在治疗时考虑选择对肝肾功能没有损害的药物，如清解合剂或清瘟解毒药等中成药，连用5～7天。

3.补充维生素，特别是B族维生素，对修复机体的神经系统和促进肠胃功能有重要作用，如维生素复B粉对恢复病鹅的采食量有效。随着采食量的恢复，产蛋量也逐渐上升，大部分鹅可以恢复到原产蛋水平。

4.接种坦布苏病毒疫苗是预防本病最有效的措施。肉鹅在出壳后一周左右接种，种鹅在产蛋前接种。

链接与分享——肉瘤

中国鹅（除伊犁鹅）普遍在头部近喙上方的位置存在一个肉质凸起，通常被称为肉瘤。这是区分中国鹅和其他外国品种鹅的重要特征。肉瘤是鹅发育成熟的标志，是一种独特的第二性征，且能稳定遗传。鹅的日龄越大，其肉瘤也越大。因此，肉瘤的大小成为吸引消费者选购"老鹅"的重要标志。此外，肉瘤的大小也成为育种工作者选育种鹅的重要标准之一。

图 3-54　浙东白鹅肉瘤

　　肉瘤由头部皮肤衍生物和骨质凸起组成，球状骨质凸起由对称的额骨气化膨胀组合而成。有研究指出，肉瘤皮肤是由角质皮肤与肉质组成的复合物。关于雁形目鸟类骨质凸起的报道也仅见于野生物种，例如长有大肉瘤的翘鼻麻鸭在争夺配偶权以及领地保护上更具优势，这也能使其配偶减少对外冲突的能量消耗，从而更好地繁育后代。

45 日龄

外貌特征

仔鹅头顶出现"花光头"，头、面开始换羽毛，背、腰部羽毛继续生长。达到累计生长"S"曲线峰值。平均体重达 2 735 g。

图 3-55　45 日龄仔鹅的"花冠头"

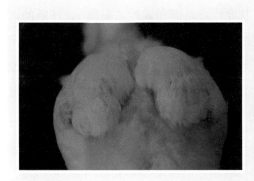

图 3-56　45 日龄仔鹅翅膀新羽（左、右）

生理特点

鹅的腿肌生长高峰期因品种不同而有早晚，浙东白鹅早期生长发育较快，因此其腿肌生长高峰期也较早，出现在 45 日龄左右。45 日龄仔鹅每只采食量：精料 265 g，青料 1 700 g。日均每只鹅的粪便重量为 910 g。

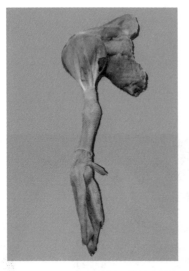

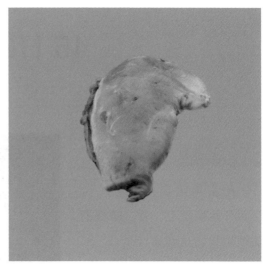

图 3-57　45 日龄仔鹅的腿肌　　　　图 3-58　45 日龄仔鹅的胸肌

管理要点

鹅群调教。放牧前应进行调教，尤其要注意培训和调教"头鹅"，仔鹅的调教方法同前述雏鹅。先将各个小群的鹅并在一起吃食，让它们互相认识、互相亲近，几天后再继续扩大群体，加强合群性，直到鹅群在遇到意外情况时也不会惊叫走散。可以在周围环境不复杂的地方放牧，让鹅群慢慢熟悉放牧路线，再进行放牧速度的训练，按照空腹快、饱腹慢，草少快、草多慢的原则进行调教。

疫病防控

45 ~ 50 日龄仔鹅须进行禽霍乱灭活苗免疫，皮下注射 1.0 mL，但商品肉鹅一般不免疫。为了预防维生素 D 缺乏与钙磷代谢障碍，特别是对于关养或圈养鹅群，应在饲料中添加维生素 D 并补充钙、磷矿物质，如贝壳粉、磷酸氢钙等。长期放牧鹅群一般不需要添加维生素 D 和矿物质饲料。

鹅言鹅语

"千里送鹅毛，礼轻情意重。"我翅膀上的羽毛最吸引人的眼球。10根主翼羽，是做羽扇、箭羽、羽毛球的好材料。相传，诸葛亮手中那把形影不离的鹅毛扇，是爱妻黄月英所赠，它被人们看作爱情与智慧的化身。《嘉靖奉化县志》记载，明永乐年间奉化向朝廷上交鹅翎达17 549根。在西方，钢笔问世之前，鹅毛笔曾取代古老的芦管笔而风行一时，许多文艺复兴时期的文学巨作，都是用鹅毛笔书写而成。

46 日龄

外貌特征

　　肌肉和骨骼迅速生长，鹅体骨架扩大，体型增大明显。羽毛洁白无瑕。平均体重达 2 820 g。

图 3-59　46 日龄仔鹅

生理特点

　　鹅的鼻腔由鼻中隔分为左右两半，鼻前孔开口于喙，鼻后孔开口于咽。喉位在咽的底壁上，上附着喉肌。喉口是气管的入口，当吞咽时喉肌可使其闭合。气管是一条能随颈部活动而弯曲的长管，管壁由气管环作为支架，在呼吸时使气管始终保持开张，气管沿颈腹侧略偏右向下行，经胸前口入胸腔而分叉为两条支气管，进入左右两肺。46 日龄仔鹅每只采食量：精料 270 g，青料 1 800 g。日均每只鹅的粪便重量为 920 g。

管理要点

鹅消化系统的特点决定了放牧对提高养鹅经济效益具有重要意义。放牧要注意"四防":一要防中暑,尽量选择早晨或傍晚放牧,避免中午阳光直射和高温熏烤,及时放水。二要防中毒,事先了解放牧场地和道路两旁是否喷洒农药,确保采食安全。三要防应激,仔鹅胆小且警觉,易受外界环境如鞭炮声、汽车鸣笛、野狗野猫、无人机等惊扰而发生严重应激反应。四要防跑伤,鹅走方步,奔跑能力偏弱,放牧时速度要适中,上下坡要缓慢,避免赶跑过快而导致相互踩踏、碰撞石头而受伤。

放牧鹅群大小要根据管理人员的经验与放牧场地而定。一般 200～300 只一群,由 1 人放牧;300～500 只一群的,可由 2 人放牧;若放牧场地开阔,水面较大,每群亦可扩大到 1 000 只,仍可 2 人管理;如果管理人员经验丰富,群体还可以扩大。不同年龄、不同品种的鹅要分群饲养管理,以免在放牧中出现大欺小、强凌弱的情况,从而影响仔鹅个体发育和鹅群的均匀度。

疫病防控

饲养员要经常了解气象情况,特别是天气炎热的夏天,午后一定要注意是否会发生雷暴雨,在雷雨到来之前尽快将鹅群赶回鹅舍,避免因遭到雷暴雨的袭击而发生感冒。

鹅舍要保持清洁卫生、通风干燥,定期消毒。舍外运动场保持清洁卫生,定期消毒,防止雨后低洼积水。保证提供清洁饮水,注意水槽清洗、消毒,防止病原微生物的滋生。

鹅言鹅语

我的祖先大部分时间生活在水里,喜欢在水中觅食、嬉戏和求偶、交配。我会在水中频频扎猛子,以翅扇水,并持续发出响亮、短暂的"嘎嘎"声。我还常常通过潜水、侧泳、仰泳、翻洗等花样动作,吸引、取悦母鹅。母鹅追随我游动一段时间后,我开始叼啄母鹅羽毛并踩其背,然后双双游至浅水区,母鹅站立收身协助我勾尾完成交配。现在"水禽旱养",我们只能在地面上交配。

47 日龄

羽毛继续快速生长，外观体型渐趋紧凑。挺胸前行，船形体型逐渐明显。平均体重达到 2 898 g。

图 3-60　47 日龄仔鹅

鹅肺嵌于背部肋间，左右各一，呈海绵状、粉红色，肺内支气管分支不形成支气管树，而是相互连通形成管道。肺内毛细血管形成的气体交换面积较大。支气管分出肺后形成气囊，为禽类特有的气管。鹅共有 9 个气囊：一对颈气囊、一对前胸气囊、一对后胸气囊、一对腹气囊和一个锁骨间气囊。肺的主要功能是呼吸。鹅气囊是储存气体，供肺进行不间断的气体交换和增加体内空腔，有利于飞翔。47 日龄仔鹅每只采食量：精料 276 g，青料 1 900 g。日均每只鹅的粪便重量为 930 g。

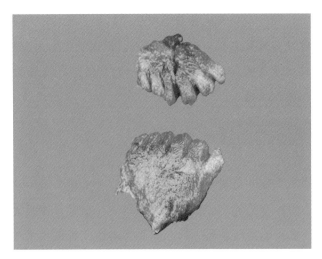

图 3-61　仔鹅的肺

管理要点

　　放牧与点数方法：放牧方法有领牧与赶牧两种。小群放牧，单人管理用赶牧的方法；两人放牧时可采取一领一赶的方法；较大群体需三人放牧，可采用两前一后或两后一前的方法，但前后要互相照应。遇到复杂的路段或横穿公路，应一人在前面将鹅群稳住，待后面的鹅跟上后，循序快速通过。出牧与归牧要清点鹅数，通常利用牧鹅竿配合，每 3 只一数，很快就能数清，这是群众总结的经验。

疫病防控

常见疾病及其防治——鹅的鸭瘟病

　　该病是由鸭瘟病毒引起的一种传染病。各种日龄的鹅均可感染，但雏鹅最为易感。一般因鹅与患鸭瘟的病鸭密切接触而引起感染。鹅的鸭瘟病与鸭瘟的症状、病变相似，出现流泪、头部肿大、口腔和食道黏膜出血、假膜和溃疡等。剖检可见发病鹅肠道严重充血、出血。

图 3-62　鹅鸭瘟病之肠道病变

预防本病首先要与鸭群分开饲养，绝对不允许到鸭瘟疫区放牧。定期注射鸭瘟疫苗可起到较好的预防作用，但剂量要加大到鸭剂量的 5 ~ 10 倍。发病后用鸭瘟疫苗紧急控制，剂量为鸭的 20 倍，有较好的效果，并用抗菌药物预防并发细菌性疾病。

鹅言鹅语

告诉大家一个小秘密：我的骨头跟鸟类一样是中空的，填充其间的不是骨髓而是空气，所以也叫空气骨，重量轻而强度高。空气骨不仅可以减轻体重，还是气囊的一部分，能为高速飞行提供氧气。这是祖先驯化后留下的特征。你看，沉迷健美的小伙伴，一不小心还能短距离飞翔呢！

48 日龄

鹅体腹部新羽长齐，船底光滑，防水防寒，可不用垫料。公鹅胆量较大，一旦有陌生人接近，会颈部前伸、靠近地面，鸣叫着向人攻击。平均体重达到2 950 g。

图 3-63　48 日龄仔鹅　　　　图 3-64　仔鹅伸着脖子呈攻击状

生理特点

鹅泌尿系统主要由肾和输尿管组成，无膀胱，其主要功能为排泄。鹅的肾较大，位于腰荐骨两旁和髂骨的肾窝里。由肾内的肾小体、肾小管，将流入的血液代谢产物过滤和分泌，而直接形成尿。鹅的尿呈白色，较浓稠，主要成分为尿酸。尿酸可形成晶体，经输尿管排入泄殖腔，与粪一起排出体外。48 日龄仔鹅每只采食量：精料 280 g，青料 1 980 g。日均每只鹅的粪便重量为 950 g。

科学补饲。如放牧条件好，牧草丰盛，鹅只都能吃饱喝足，白天可以不补饲；如放牧条件差，牧草欠丰，鹅只吃得不饱，可安排在中午或傍晚给予适当补饲；不管是放牧、圈养还是放牧和圈养结合的鹅群，在晚间都应适当补饲。补饲量应视牧草情况、仔鹅情况而定，以满足需要为佳。

图 3-65　仔鹅的肾脏

疫病防控

养鹅要有"眼力见"，善于观察，及时发现问题、解决问题。喂料时，要认真观察鹅的采食动作和食管的充盛度，及时发现病鹅。凡健康的鹅，表现为动作敏捷，食欲旺盛，抢着吃，不挑剔，一边采食，一边摆脖子下咽，食管迅速膨大增粗，并往右移，嘴不停地往下点，民间称之为"压食"。凡有病态的鹅，表现为食欲不振，采食时抬头，东张西望，嘴含着料，不愿下咽，有的嘴角吊几片菜叶，头不停地甩或动作迟钝，或离群呆立。发现有病态的鹅只，必须立即将其捉出，进行检查、治疗，并隔离饲养。

鹅言鹅语

因为天生勇敢威猛，以前农民常让我看家护院。我跟中华田园犬一样，领地意识很强，警惕性也很高，一旦有人、畜进入我的地盘，那就是"人若犯我、我必犯人"。我不是一介武夫，比鸡鸭都要聪明，智商相当于四五岁的小孩。我对主人比较忠诚，能跟随主人散步溜达，有时被当作宠物豢养。

49 日龄

外貌特征

　　头、面换好羽毛，俗称"头顶光"。雄性仔鹅肉瘤开始萌发，光滑无褶皱，呈橘黄色。平均体重达到3 000 g。

生理特点

　　鹅的消化系统包括消化道和消化腺两部分。消化道由喙、口咽、食道（包括食道膨大部）、胃（腺胃、肌胃）、小肠（十二指肠、空肠、回肠）、大肠（盲肠、直肠）和泄殖腔组成；消化

图 3-66　49 日龄仔鹅

腺包括肝脏和胰腺两部分。49 日龄仔鹅每只采食量：精料 290 g，青料 2 010 g。日均每只鹅的粪便重量为 1 104 g。

管理要点

　　保证供给足量的清洁饮水、尽量多的青绿饲料，适当控制精料数量，节约饲养成本。日常管理工作同前，注意鹅群动态行为，以便发现疾病，及时采取措施。

疫病防控

49日龄的仔鹅，虽对外界环境适应能力增强，但还是要避免环境、饲料发生改变，注意天气的变化，防止感冒、浆膜炎等疫病的发生。舍内外要勤打扫、消毒，保持干燥。尽量减少驱赶、捕捉等剧烈行为，避免鹅群发生应激反应。

50 日龄

外貌特征

随着日龄的增大，公、母仔鹅外形差异日渐显著，雄鹅的体型和特征日益突出，雌鹅体型逐渐修长、颈细长、后躯丰满。仔鹅开始逐渐进入育成期。平均体重达到 3 050 g。

生理特点

鹅喙，俗称"鹅嘴"，由上、下喙组成，角质质地较软，表面覆有蜡膜，呈橘黄（红）色。鹅喙扁而长，

图 3-67　50 日龄仔鹅

呈铲状，上喙稍长于下喙，有利于采食。上下喙边缘呈锯齿状，并互相嵌合，便于咬断草料，在水中还具有滤水保食的功能。50 日龄仔鹅每只采食量：精料 295 g，青料 2 050 g。日均每只鹅的粪便重量为 970 g。

管理要点

日常管理同前。

暑天放牧，谨防中暑，应早出晚归，中午多休息，将鹅群赶到树荫下纳凉，不可在烈日下暴晒。无论白天或晚上，当鹅群有鸣叫不安的表现时，应及时放水，防止闷热引起中暑。

常见疾病及其防治——鹅痘

流行病学：鹅痘是由禽痘病毒感染引起的一种传染性疾病。在养鹅业中，鹅痘的发生并不多见，但在一些饲养管理不善的情况下，仍然会发生。在夏、秋季，蚊子是鹅痘的重要传播媒介。

临床症状：一般没有全身症状。最初在喙基部和腿部皮肤出现一种灰白色的小结节，后逐渐变大并相互融合、破裂，形成溃疡面，继而干燥、结痂，突出于皮肤表面。结痂可保留 3 ~ 4 周之久。剥离或自然脱落，都会留下平滑的灰白色疤痕。少数严重病例，可出现精神不振、减食、消瘦。

防治措施：在有鹅痘发生和流行的区域，除了要加强饲养管理和卫生消毒外，可应用鸡痘疫苗免疫接种，能有效预防鹅痘的发生和流行。治疗没有特效药物，一般采用对症疗法减轻症状和防止并发症的发生。

链接与分享——纤维的双面作用

浙东白鹅是草食性动物，青绿饲料在其采食结构中占据重要地位，因此纤维对其肠道发育产生巨大影响。雏鹅到 3 周龄时，盲肠发育加快，至 5 周龄时盲肠的重量可达出生时的 36 倍以上，盲肠内的微生物明显增多，对纤维素的消化吸收能力显著增强。

日粮纤维水平的增加，对浙东白鹅的影响具有双面性。适量纤维的增加，可以刺激肠道蠕动，加强肠胃道功能。不可溶纤维几乎很难被前肠道消化酶分解，一般在后肠道经过微生物发酵作用产生挥发性脂肪酸，再由宿主吸收，因此纤维很大程度上影响鹅肠道微生物构成。适量纤维的增加也会增加水禽类动物肠道的微生物多样性，改善菌群结构。但是，过量纤维产生的负面影响也不可忽视。一方面，其吸水力强，在肠道容易与水结合，增加食糜黏度，促进胃排空速度，因此降低了消化酶与食物的反应时间与接触面积，从而降低鹅的消化率。另一方面，纤维过多，也会磨损空肠和回肠的肠道绒毛，降低绒毛高度，从而损害鹅对养分的消化吸收。因此，如何控制好浙东白鹅的日粮纤维摄入，是营养科学策略上十分重要的一环。

图 3-68　紫花苜蓿（左）与黑麦草（右）

鹅言鹅语

　　我与鸡鸭不同，两条盲肠内生活着大量能分解纤维素的厌氧菌，具有强大发酵功能，帮助消化小肠内未被分解的食物、纤维素。在我生病的时候，绝对不能随意滥用抗生素，否则"摁下葫芦浮起瓢"，在杀灭病菌的同时也杀死了有益菌，极易导致体内菌群失衡，得不偿失。

51 日龄

翅膀羽毛管长出，其形状似凿子，俗称"斜凿子头"。平均体重达到 3 090 g。

图 3-69 51 日龄仔鹅

鹅的口腔与咽直接延续，界限不明显，合称"口咽"。口腔器官比较简单，没有齿、唇和颊，仅有活动性不大的舌，帮助采食和吞咽。口咽黏膜下有丰富的唾液腺，腺体很小且数量很多，能分泌唾液，经开口于口咽黏膜面的导管进入口腔，有助于湿润食物，帮助吞咽和消化。51 日龄仔鹅每只采食量：精料 302 g，青料 2 060 g。日均每只鹅的粪便重量为 980 g。

管理要点

加强日常管理。鹅场管理是系统性、经常性和连续性的，包括生产管理、饲养管理、环境管理等。如果在管理上缺少某一环节或某一时段，都会影响鹅场的正常生产或造成经济损失。因此，鹅场必须建立各项管理制度，并实行专人负责，狠抓落实。鹅场制度主要包括生产管理制度、免疫制度、卫生消毒制度、投入品采购与使用制度、病死动物无害化处理制度、养殖污染治理制度等。

疫病防控

鹅与其他畜禽一样，体内、外寄生虫较多，主要有吸虫、线虫、绦虫、原虫和节肢动物五大类。吸虫类包括棘口吸虫、嗜眼吸虫等。线虫类包括蛔虫、裂口线虫等。绦虫类包括冠状膜壳绦虫、矛形剑带绦虫等。原虫类包括球虫、滴虫。节肢动物类包括虱、螨等。

体内、外寄生虫，都会对鹅造成严重危害，如机械性损伤、影响机体的营养吸收、夺取机体血液和营养、传播疾病等。因此，驱虫是生产和疾病防治必不可少的重要环节。

鹅言鹅语

农村孩子多有被鹅追咬的恐怖经历，轻则淤青，重则见血，成为挥之不去的阴影。特别是孕育期的鹅妈妈，警惕性和攻击性更强。难怪俗语说"宁可被狗咬，不敢让鹅拧"。那是来自基因的野性和血性，人们要多多理解哦！

52 日龄

外貌特征

仔鹅主翼羽、副主翼羽快速生长，"斜凿子头"愈发明显。平均体重达到 3 160 g。

生理特点

鹅的食道较粗长，起于口咽腔，与气管、颈动静脉和交感迷走神经伴行，略偏于颈的右侧，在胸前与腺胃相连。鹅无嗉囊，在食道下段形成纺锤形的食道膨大部，以贮存食物。食道和膨大部能分泌黏液，有湿润和软化饲料的作用。食道膨大部的肌肉收缩，呈蠕动和排空运动，能将饲料推压至腺胃。52 日龄仔鹅每只采食量：精料 308 g，青料 2 100 g。日均每只鹅的粪便重量为 990 g。

管理要点

放牧鹅群须防"跑伤"。放牧要逐步锻炼，路线由近渐远，慢慢增加，途中要有走有歇，不可蛮赶。每日放牧距离要大致相等，以免累伤鹅群。高低不平的路尽量不走，通过狭窄的路面时，速度尽量放慢，避免挤压致伤。特别在上下水时，若坡度太

图 3-70　52 日龄仔鹅

图 3-71　52 日龄仔鹅的"斜凿子头"

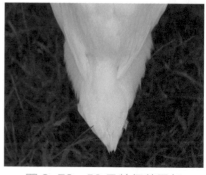

图 3-72　52 日龄仔鹅尾部

大，或道路太窄，或有树桩乱石，由于鹅飞跃冲撞，极易受伤。对已经受伤的鹅，必须将它圈起来养伤，伤愈前绝对不能再放。此外，还应注意防丢失和防兽害。

疫病防控

常见疾病及其防治——鹅绦虫病

流行病学：鹅是水禽，很容易感染绦虫，在一些养鹅产地常存在地方性流行，其病原体主要是矛形剑带绦虫。各种年龄的鹅均可感染发病。当虫体大量寄生在鹅小肠时，可阻塞肠道，破坏和影响鹅的消化，吸取鹅的营养，并能产生毒素使鹅生长发育受阻，严重时还会造成死亡，对雏鹅、中鹅危害较大。

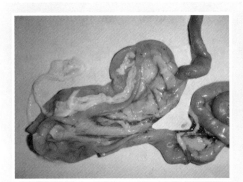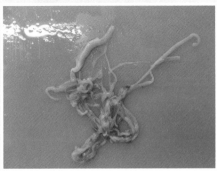

图3-73 鹅绦虫病之虫体（左、右）

临床症状：病鹅通常表现为食欲不振，生长发育受阻，消瘦，精神委顿，羽毛松乱。排灰白色或淡绿色稀粪，并混有白色、米粒大小、长方形的绦虫节片。后出现贫血，喙、肉瘤苍白，眼结膜黄染，白色水样下痢。有的病鹅还出现运动失调，走路摇晃，有时失去平衡而摔倒，难以站起。严重的出现衰竭死亡。成年鹅感染后可引起营养不良，贫血消瘦，生产性能下降。

病理变化：小肠黏膜发炎、出血、坏死、溃疡；十二指肠与空肠交界处可见面条样虫体，数量多的可堵满整个肠道，形成肠梗阻。病程长的可见肠壁隆起，呈芝麻大的灰黄色的绦虫头节结节。其他黏膜、浆膜也常见有大小不一的出血点。

防治措施：种鹅在每年产蛋前，要进行全群服药驱虫，保证种鹅体内无虫，而仔鹅在40日龄左右时也要全群驱虫1次，后备种鹅则在4～5月龄时再次驱虫。鹅绦虫采用吡喹酮驱虫安全有效，按10～20 mg/kg（鹅活重）用药，拌入饲料中一次内服。也可采用硫双二氯酚驱虫，按150～200 mg/kg（鹅活重）的剂量，拌料一次内服。一般早晨喂药后12 h即可排出虫体。因此，晚上要把鹅围在舍中，经过一夜后基本排完虫体，次日早晨放出鹅群，将舍中的鹅粪、排出虫体以及垫料一起清除，集中堆积发酵处理。

鹅言鹅语

　　我具有先天而来的群居性，也有很强的争斗性。头鹅的地位是经过啄斗建立起来的，具有优先采食、饮水、交配的权力，占据鹅群最高地位，并承担抵御侵略、维持秩序的职责。弱者依次排序，各有位次，具有一定稳定性。不要频繁并群、换舍或调入新伙伴，避免引起新的啄斗战争。

53 日龄

外貌特征

　　仔鹅腰背部羽毛生长缓慢，尚未长齐，出现"两段头"。平均体重达到 3 250 g。

生理特点

　　鹅的胃由腺胃和肌胃组成。腺胃也叫前胃，呈纺锤形，胃壁上有许多乳头，能分泌大量胃液，并从腺胃乳头排到腺胃腔内，胃液中含有盐酸和胃蛋白酶，起到消化饲料的作用。肌胃也叫砂囊，呈扁圆形。胃壁由厚而坚实的肌肉构成，肌胃内有一

图 3-74　53 日龄仔鹅

层坚韧的黄色角质膜保护胃壁。肌胃的收缩力极强，是鸭鸡的 2 ~ 3 倍。肌胃内有大量砂砾，饲料在肌胃的收缩和砂砾的作用下逐渐磨碎而进入小肠。53 日龄仔鹅每只采食量：精料 316 g，青料 2 110 g。日均每只鹅的粪便重量为 1 000 g。

管理要点

　　防惊群。青年鹅胆小、敏感，放牧途中遇有意外情况，如汽车路过时喇叭的突然鸣叫，常会引起惊群奔跑。放牧时将竹竿高举、打开雨伞、大声吆喝，或者有狗及其他兽类突然接近，或者有人穿红色衣服经过等，都会引起鹅群骚动逃离，发生挤压、踩踏。当鹅场上空有直升机低空飞过、无人机拍摄，也会引起鹅

群骚动。放牧人员必须时刻警惕、注意提防。

常见疾病及其防治——鹅棘口吸虫病

病因: 棘口吸虫包括棘口科的多种吸虫。鹅棘口吸虫病主要为感染卷棘口吸虫,其发育需要两个中间宿主,鹅吞食含有囊蚴的第二中间宿主后而被感染。主要寄生于盲肠、直肠和泄殖腔。对雏鹅危害极大。

临床症状: 雏鹅表现为食欲不振、下痢、消瘦、贫血、生长发育受阻等症状,严重的可引起死亡。

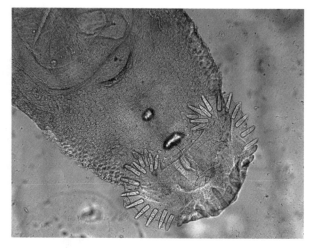

图 3-75 鹅棘口吸虫病原体

病理变化: 剖检以出血性肠炎变化为主。在直肠、盲肠黏膜上附着有许多淡红色的虫体,引起肠黏膜的损伤和出血。

防治措施: 把鹅放牧到河塘、水田等有淡水螺的地方,或有的鹅场经常割水草喂,都会使鹅群感染棘口吸虫而发病。因此,防治棘口吸虫感染,应做好消灭中间宿主——淡水螺的工作,同时必须定期驱虫,驱虫后排出的含有虫体的粪便,要进行生物热处理。驱虫药物同矛形剑带绦虫。

链接与分享——绿色食品

浙东白鹅肉中包含 16 种氨基酸,其中谷氨酸含量最高,占 3% 以上;天冬氨酸其次,占 2% 以上,其食用价值很高,是当之无愧的绿色食品。谷氨酸与天冬氨酸具有抑制癌症细胞增殖的作用。浙东白鹅肉中丙氨酸含量也较高,可以减缓腥臭味与咸味;较高的牛磺酸含量也增加了其肉质嫩度,并且其游离鲜味氨基酸含量比鸡肉、鸭肉等更高，这也是浙东白鹅肉味更为鲜美的原因。浙东白鹅胸肌含有鹅肌肽 4 996 mg/kg，腿肌含有鹅肌肽 2 549 mg/kg，具有一定的降尿酸功能，是名副其实的高质量动物蛋白来源。

图 3-76　浙东白鹅风味取样鉴定

54 日龄

外貌特征

仔鹅两翅羽继续快速生长，二翅前缘起，逐渐伸向尾端。平均体重达到 3 340 g。

生理特点

鹅的小肠比鸡、鸭要短，约为鹅体长的 8 倍左右。小肠分为十二指肠、空肠和回肠三段。十二指肠接于肌胃，在右侧腹壁形成长袢，由降支和升支组成，胰腺

图 3-77　54 日龄仔鹅

夹在其中，胆管和胰管开口于十二指肠。空肠较长，形成多圈长袢，由肠系膜悬挂于腹腔顶壁，中部有一盲突状卵黄囊憩息。回肠短而直，夹在两条盲肠之间，与盲肠长度相当的一段肠管，通过系膜相连接。小肠黏膜内有很多肠膜，分泌含有消化酶肠液。54 日龄仔鹅每只采食量：精料 320 g，青料 2 120 g。日均每只鹅的粪便重量为 1 010 g。

管理要点

合理分群。鹅群即将进入育肥期，为了使育肥鹅群生长齐整、同步增膘，须

将大群分为若干小群。分群原则：将体型大小相近和采食能力相似的混群，分成强群、中等群和弱群。在饲养管理中根据各群实际情况，采取相应的技术措施，缩小群体之间的差异，缩短出栏时间，使全部鹅群达到最佳生产性能。

疫病防控

常见疾病及其防治——鹅嗜眼吸虫病

流行病学：该病是由鹅嗜眼吸虫寄生于鹅的眼结膜囊和瞬膜下引起的一种寄生虫病。多见于成年鹅，养鹅产区感染率很高，以夏秋季节为高发期。

临床症状：发病初期病鹅怕光流泪，眼结膜充血、出血、眼睑水肿，并出现食欲减少、摇头、弯颈、爪抓眼等症状。继而眼角膜出现糜烂，流出带有血液的混浊泪液，严重者出现角膜溃疡、失明。多数病鹅呈单侧性眼病，严重至双眼失明的，因采食困难而死亡。

防治措施：本病以防为主。在鹅的饲养区域内进行灭螺，消灭中间宿主。在被污染的鹅舍和放牧场地用生石灰或消毒药消毒。本病可用75%酒精滴眼进行治疗。此方法由于酒精对眼睛刺激性较大，病鹅会出现不安和短暂的眼结膜充血，可用环丙沙星眼药水滴眼，不久可恢复。此法驱虫率达100%。

鹅言鹅语

在古代，民风淳朴，相传父母为儿子订婚时，常以一对鹅作为聘礼，象征夫妻和睦、恩爱百年。在英国，因为我们是长寿家禽，男女结婚时，男方家长会选择跟新娘年龄相当的老鹅，作为送给新人的贺礼，寓意着鸾凤比翼、琴瑟和鸣、五世其昌、家族兴旺。

55 日龄

外貌特征

经过仔鹅阶段的饲养，鹅体骨架扩大，肌肉结实，体型轮廓基本达到育肥要求。平均体重达到 3 450 g。

生理特点

鹅的胸肌生长比腿肌要晚些，浙东白鹅胸肌生长高峰出现在 55 日龄左右。55 日龄仔鹅每只采食量：精料 326 g，青料 2 140 g。日均每只鹅的粪便重量为 1 020 g。

图 3-78　55 日龄仔鹅

管理要点

仔鹅即将进入育肥饲养。育肥阶段必须采取特殊的饲养管理措施，要饲喂富含碳水化合物的高能饲料，并减少鹅的活动以降低能量的损耗，这样有利于脂肪沉积，使鹅增重育肥。当然，在大量供应碳水化合物的同时，也要供应适量的蛋白质。蛋白质在体内充裕，可使肌纤维（肌肉细胞）尽量分裂繁殖，使鹅体内各部位的肌肉，特别是胸肌充盈丰满起来，鹅体变得肥大而结实。

常见疾病及其防治——鹅蛔虫病

病因：该病是由鹅蛔虫引起的一种肠道寄生虫病。雏鹅易感，以3～9日龄鹅感染率最高，随着日龄的增大，感染率逐渐下降。临床上以消化道机能障碍为主要特征。

症状与病变：表现为厌食，消瘦，贫血，喙、肉瘤苍白，羽毛粗乱无光泽，有的出现下痢，粪便中可见蛔虫虫体。严重的出现极度营养不良，消瘦，衰竭死亡。剖检可见（图3-79、3-80）小肠内有乳白色、长线条蛔虫，肠壁增厚，黏膜出血、肿胀、脱落。

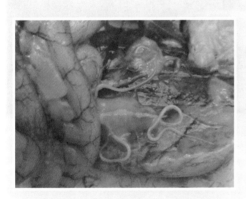 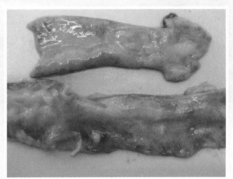

图3-79 鹅蛔虫病之虫体　　　　图3-80 鹅蛔虫病之肠道黏膜病变

防治措施：加强鹅场清洁卫生，保持鹅舍和放养场地干燥，鹅粪经常清扫并堆积发酵。不同阶段鹅分批饲养，推广网上平养。定期驱虫是预防本病的有效办法，驱虫药物可选用左旋咪唑、伊维菌素等。

快双月啦，经过近60天的快速生长，体重达到出生时的35倍，生长速度开始减慢。我来到了"鹅生"的十字路口，我面临着主人的重大选择：是让我当后备种鹅，还是做育肥鹅呢？不管前途命运如何，老天自有安排，我都心怀感恩！

图 3-81　嬉水中的仔鹅

第四章　育肥鹅

通过仔鹅阶段的饲养管理工作，在充分利用放牧草地和田间遗谷粒穗的情况下，即便是较差的补饲条件，仔鹅生长发育得也较好，特别是骨骼和肌肉的生长发育较快，仔鹅体型轮廓基本达到要求。接下来的饲养目标是向肉鹅和后备种鹅方向培育。一般饲养至 70 ~ 80 日龄时，就可以达到商品肉鹅出售或后备种鹅选留的要求。此时可进行后备种鹅的选留工作，选留的后备种鹅群进入育成期定向培育。不符合种用条件的育肥鹅，作为商品肉鹅出售。

图 4-1　稻田放牧的育肥鹅

56 日龄

鹅的翅膀及腰背部羽毛继续生长，翅膀羽毛呈"半斧头"状。平均体重达到 3 520 g。

鹅的泄殖腔位于骨盆腔内结直肠后端，呈扁椭圆形，内腔面有 3 个横向的环形黏膜褶，将泄殖腔分为 3 部分：前部为粪道，与直肠相通；中部为泄殖

图 4-2　56 日龄育肥鹅

道，输尿管、输精管或输卵管开口在这里；后部为肛道，直接通向肛门。泄殖腔具有排粪、排尿和生殖交配的功能。56 日龄育肥鹅每只采食量：精料 330 g，青料 2 150 g。日均每只鹅的粪便重量为 1 030 g。

饲喂的饲料要多样化。以富含碳水化合物且易于消化的稻谷、玉米、糠麸、麦子等为主，适当搭配蛋白质饲料、粗饲料和青绿饲料。饲料要粉碎。白天喂 1 次，晚上喂 1 次，喂量不限，让鹅充分吃饱，并供足饮水。提供安静环境，适当控制运动，做好清洁卫生和消毒工作，控制疫情发生。

常见疾病及其防治——鹅裂口线虫病

病因：该病是由裂口线虫寄生于鹅的腺胃、肌胃角质层下引起的一种寄生虫病。主要以肌胃角膜脱落和肌胃急性炎症与溃疡为特征。鹅裂口线虫发育无需中间宿主，虫卵经过二次发育成为感染性幼虫时，鹅食入含有感染性幼虫的草料后而感染。各种日龄的鹅均可感染，但以幼鹅感染率最高。

临床症状：雏鹅消化障碍，导致食欲减退、生长发育受阻。病鹅表现为消瘦、下痢、贫血。感染严重时，可引起大批死亡。成年鹅症状不明显，而成为带虫者和本病的传播者。

病理变化：肌胃角质层下可见粉红色、细长的虫体。角质膜易碎、坏死，角质层下黏膜溃疡。

防治措施：首先将大、小鹅群分开饲养或放牧，避免相互感染。如果放牧地已被污染，则应暂停在该地放牧30～45日，让虫卵发育成侵袭性幼虫自然死亡。本病可用驱虫净、丙硫咪唑或左旋咪唑等驱虫药治疗。鹅粪连同垫料一起清理干净，并进行堆积发酵后作为肥料使用。

链接与分享——餐桌上的珍品

浙东人家喜欢吃鹅肉，逢年过节、婚嫁喜事，餐桌上都可以看到鹅肉，几乎是"无鹅不成宴"，形成了独特的风俗习惯。

清人金埴描述绍兴"凡飨神飨客，庆祭丧婚，以及节岁礼馈，在在必设之。神谓之鹅，客谓之鹅酒"。乾隆五十四年（1789年），象山一代名士倪象占著《蓬山清话》，书中提到"鹅古名舒雁，白者多，苍色间有，俗谓之家雁，婚礼必用之""象俗娶妇至三日，入厨下，必先举厨刀割熟鹅之首"。就是说古时举行婚礼一定要有鹅，新娶媳妇嫁入夫家后3天洗手下厨，有切熟鹅头的习俗，以示贤惠。民间还流传着用鹅头给婴儿"开荤"的风俗。婴孩三四月龄时，家长常用煮熟的鹅头给婴儿开荤，以浙东白鹅特有的高额瘤，象征婴孩学走路时不怕碰跌，也期盼成长过程中像鹅一样昂首阔步、顺顺利利。还有一种说法是鹅只吃草，用鹅头开荤可以让孩子长大后不挑食，健康成长。

　　再如，女婿用"端午担"礼送岳父母家，节礼中少者四色，多者八色，其中鱼要成双，鹅的头颈涂红颜色，送节路上鹅叫得越响越好，说是越叫越发，俗称"吭吭鹅"。鹅一路引吭高歌，使路人邻里老远就知道谁家女婿上门。主人盛邀亲朋邻里共品"白斩鹅"美味，分享女儿家的喜闻趣事，这些无不显耀着家有女儿的幸福感和节日的喜庆氛围。

图 4-3　用鹅头给婴儿开荤　　　　图 4-4　浙东地区"端午担"

57 日龄

外貌特征

　　两眼睛大而圆，微突出且有神，眼睑呈金黄色，虹彩为灰蓝色。平均体重达到 3 560 g。

图 4-5　57 日龄育肥鹅头部

生理特点

　　鹅的肝脏位于腹腔前下部胸骨背侧，是体内最大的腺体，呈黄褐色或暗红色，分左右两叶。胆囊位于肝右叶内侧。肝右叶分泌的胆汁先贮存于胆囊中，然后通过胆管进入十二指肠。肝左叶分泌的胆汁从肝管直接进入十二指肠。肝脏分泌的胆汁参与食物的消化，特别是脂肪的消化，能促进维生素 A、D、E、K 吸收，防止肠内容物的腐败，加强肠的蠕动。同时，肝脏还可参与蛋白质、糖和维生素的代谢，分解毒素等。57 日龄育肥鹅每只采食量：精料 332 g，青料 2 200 g。日均每只鹅的粪便重量为 1 050 g。

管理要点

管理要点基本同前。

有条件的鹅场，可使用育肥鹅专用饲料育肥，同时应保持饲料稳定，做到定时、定量饲喂。在饲喂全价饲料以外时段，适当饲喂青料。也可以用专用饲料与其他谷类饲料混合饲喂育肥，同样能够取得较好的效果。

疫病防控

常见疾病及其防治——鹅球虫病

流行病学：本病是由球虫感染寄生于鹅肠道内而引起的一种寄生虫病。各种年龄的鹅均有易感性，以3~11周龄的鹅最为易感，通常日龄小的发病严重、死亡率高。本病的发生有一定的季节性，多发生于闷热、潮湿的春、夏季节，呈地方性流行。发病率90%～100%，死亡率为10%～96%。对于日龄较大或成年鹅，感染常呈慢性或良性经过，这些鹅成为带虫者和传染源。

临床诊断：病鹅表现为食欲不振，精神萎靡，羽毛蓬乱无光泽，脚软，下泻，排糊状稀粪或白色水样稀粪或间有红色黏液。后因肠道损伤加重，出现翅膀下垂，共济失调，大量饮水，食道膨大部充满液体，排带有血液稀粪或血便，最后出现痉挛等神经症状，衰竭死亡。

病理变化：病鹅尸体干瘦，肉瘤、喙苍白，剖检可见小肠肠道膨大，呈现出血性卡他性炎症。尤以小肠中段和下段最为严重，肠内容物呈红色或褐色的黏稠物，肠壁增厚，出血，回盲肠、直肠有糠麸样假膜覆盖。

图 4-6 鹅球虫病之肠道坏死（左、右）

防治措施：鹅场一旦发生球虫病，虫卵将长久存在，必须做好生物安全措施。鹅舍要保持清洁干净，勤换垫草，粪便及时清除，堆积发酵处理。幼鹅与成年鹅分开饲养，流行季节时在饲料中添加抗球虫药预防。

鹅群一旦发病可选用下列药物治疗：30% 磺胺氯吡嗪钠可溶性粉、球痢克星（10% 磺胺喹恶唑）、10% 复方盐酸氨丙林等。对重症已不吃食的严重感染病鹅，可用 10% 磺胺六甲氧嘧啶水针，按每千克体重肌注 0.5 mL，一天一次，连用二天，疗效良好。

鹅言鹅语

疾病是我的大敌。不仅鹅特有的病毒会导致我生病，鸡鸭甚至飞鸟携带的病毒也会传染给我，例如禽流感病毒、鸭瘟病毒等。亲爱的主人，千万不要把我与鸡鸭混养在一起，我不喜欢和他们做朋友，做邻居也不行！必须井水不犯河水，做到"鸡犬之声相闻，老死不相往来"。

58 日龄

喙、跖、蹼、肉瘤的颜色渐渐加深，公、母鹅特征更趋明显。平均体重达到 3 590 g。

图 4-7　58 日龄育肥鹅脚蹼

图 4-8　58 日龄育肥鹅翅膀

图 4-9　58 日龄育肥鹅尾部

鹅的胰腺位于十二指肠的肠袢内，呈长条形，浅粉色，分为背侧叶、腹侧叶和脾叶三叶，质地较软。胰腺分泌的胰液含有各种消化酶，经胰管进入十二指肠，有消化淀粉、脂肪、蛋白质等营养成分。胰液呈碱性，可中和腺胃分泌物的酸性。58日龄育肥鹅每只采食量：精料340 g，青料2 250 g。日均每只鹅的粪便重量为1 200 g。

管理要点

日常管理工作同前。

疫病防控

常见疾病及其防治——鹅毛滴虫病

流行病学： 该病是由禽毛滴虫感染而引起的一种原虫性疾病。鹅吃入被毛滴虫污染的饲料、饮用水后而感染发病。该病多发生于春秋季节，多发生于8月龄前的鹅，以雏鹅最为易感，潜伏期5~15天。

临床症状： 本病可分为急性和慢性两型。急性型：多见于雏鹅，一般体温升高，精神委顿，食欲减退或废绝，活动困难或跛行，吞咽和呼吸困难，流泪。拉淡黄色稀粪，口腔和喉头黏膜充血、有淡黄色小结节，食道膨大部体积增大。若疾病的损害局限于消化道，则湘溃疡面可形成疤痕而康复；若损害至内脏器官时，可引起败血症、毒血症或窒息而死亡。慢性型：多见于成年鹅，一般病鹅表现为消瘦，绒毛脱落，口腔黏膜常有干酪样物质积聚，采食困难。

病理变化： 肠道卡他性炎症，如图4-10可见盲肠肿胀、出血、溃疡；肝脏肿大，色泽变黄，质脆，雏鹅肝脏表面有白色小病灶；心包炎、胸膜炎和腹膜炎；母鹅卵泡变形，输卵管发炎、坏死，内有脓水样积液。

诊断要点： 根据临床表现、病理剖检可初步诊断。实验室取病料涂片镜检（直接镜检和染色镜检），能观察到虫体可确诊。

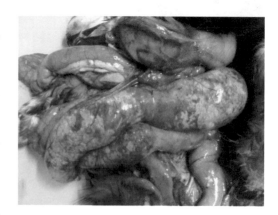

图4-10　鹅毛滴虫病之肠道病变

防治措施： 本病主要预防措施是加强饲养管理，做好清洁卫生工作，雏鹅与成年鹅分开饲养，定期检疫。治疗可用灭滴灵（甲硝唑），按0.025％混饲，或用1.25％悬浮液灌服，每只1毫升，每天3次。口腔可涂碘甘油或金霉素软膏。

鹅言鹅语

　　宁波民谣说："世界大，抲只鹅；世界小，抲只鸟。"很幸运，我被选作走南闯北的"东西部协作鹅"，以"白鹅协作"模式北上、南下、西进，帮扶23个省份，我成了共同富裕道路上的"共富鹅"。

图4-11　浙东白鹅"东西部协作"到吉林延边

59 日龄

外貌特征

　　鹅头高昂，颈长呈弓形，体态优美，步调从容，大模大样。平均体重达到 3 630 g。

图 4-12　59 日龄育肥鹅

生理特点

　　胸腺是一个扁平、多叶、呈串状的器官，分布于颈部气管两侧的皮下，每侧胸腺有 5 叶，呈淡黄色或淡红色。幼龄时胸腺比较发达，体积较大，性成熟后逐渐退化，直至消失。胸腺作为免疫器官，是 T 淋巴细胞发育的场所，经发育成熟的淋巴细胞，通过髓质静脉进入到血液循环中，能加强免疫应答，可较长期保持免疫记忆。胸腺中也有部分 B 细胞，占 5% ~ 20%，其比例大小与年龄有关。59 日龄育肥鹅每只采食量：精料 345 g，青料 2 300 g。日均每只鹅的粪便重量为 1 210 g。

管理要点

日常管理工作同前。

在进入育肥阶段之前，仔鹅主要完成整体骨架的发育。尽管它们的体重可能已经达到标准，但胸肌的厚度往往不足，屠宰率低，体重仍有增长的空间。特别是放牧饲养的仔鹅，体膘较瘦，肉质粗糙，影响了肉用仔鹅的市场销售和价格，此时直接上市经济效益较差。对肉用仔鹅实施高能量饲料的短期育肥策略，可以在半个月内迅速增加体重，促进脂肪沉积，从而提高屠宰率，改善肉质，经济效益显著提升。因此，将不适合留作种用的仔鹅，通过短期育肥后再上市，不仅能够提高其市场竞争力，还能显著提升经济效益，是一种高效的养殖策略。

图 4-13　放牧中的育肥鹅

常见疾病及其防治——鹅虱病

鹅虱病的病原为羽虱，是一种体外寄生虫，寄生于鹅的羽毛和体表。鹅虱啃食鹅的羽毛、皮屑及吸食血液，让鹅感到奇痒，使鹅骚动不安，影响鹅只的正常休息、生长、产蛋及育肥。

流行特点：羽虱是一种永久性寄生虫，全部生活史离不开鹅的体表。一年四季都可感染，以冬季最为严重。羽虱产的卵常集合成块，粘着在羽毛的基部，依靠鹅的体温孵化，经5～6天变成幼虱，在2～3周内，经过3～5次蜕皮而发育为成虫。传播方式主要是鹅的直接接触传染。

图4-14 鹅虱虫体

临床症状：寄生在鹅体的鹅虱会刺激鹅体，吞噬鹅的羽毛和皮屑，引起鹅不安，使其频繁用喙啄羽毛，影响休息和采食，导致食欲不振，消瘦，产蛋下降。当大量鹅虱寄生时，可使鹅奇痒不安，羽毛脱落，民间称之为"鬼拔毛"。母鹅发病，影响其抱窝孵化。若寄生于外耳道会引起发炎，产生干性分泌物。在羽毛、羽根或外耳道、颈部可查到虫体。

防治措施：鹅舍要保持清洁卫生，勤换垫料。进行鹅体驱虫时，必须同时进行鹅舍、地面、垫料的灭虱工作，以达到彻底消灭鹅虱的目的。患鹅可用广谱、高效、低毒的伊维菌素注射液，按每千克体重0.2 mg，1次皮下注射，休药期28日。也可用伊维菌素粉剂添加到饲料中喂饲。或将鹅倒拎，用2%的除虫菊粉、3%～5%的硫磺粉或5%的氟化钠粉，撒布在鹅的羽毛中杀灭鹅虱。用胺丙畏配成0.02%的药液，于夜间喷洒在鹅的羽毛、产蛋窝及鹅舍地面。驱虫工作应在秋后进行，初春再驱一次效果更佳。

鹅言鹅语

在中国，我不仅仅是一种家禽，更是一种精神象征和文化符号，并由此形成了众多非遗民俗。人们爱鹅之优美、学鹅之品质、用鹅之长处，以此为中心，中国鹅文化在礼仪、艺术和民俗等方面都占据了突出位置，提升了人们的审美观念，增加了人们的生活情趣。鹅蛋彩绘还是非物质文化遗产呢！

图 4-15 鹅蛋彩绘

60 日龄

鹅体胸脯开始丰满，羽毛紧密，体形清秀，体质强壮，适应性强。平均体重达到 3 660 g。

图 4-16　展翅的育肥鹅（左、右）

鹅法氏囊又称腔上囊，呈长椭圆形，位于泄殖腔后上方近肛门背侧。鹅幼年时法氏囊发达，成年后完全消失，与鸡相比，鹅法氏囊退化时期较晚。法氏囊是家禽特有的免疫器官，是 B 细胞成熟和分化的唯一场所，囊腔内黏膜褶里含有大量淋巴滤泡，可产生 B 淋巴细胞，从而产生特异性抗体来完成特定的免疫应答。60 日龄育肥鹅每只采食量：精料 345 g，青料 2 350 g。日均每只鹅的粪便重量为 1 210 g。

日常管理工作同前。

常见疾病及其防治——鹅螨病

病因：该病是鹅群中一种较为常见的体外寄生虫病。螨的种类较多，其中感染鹅的螨主要是鸡刺皮螨，鸡、鸭、鹅以及许多野禽都能感染螨。螨寄生在鹅体后，能引起病鹅奇痒、贫血、消瘦、生长缓慢、产蛋减少，甚至发生死亡，对生产危害性较大。

临床症状：鹅螨一般白天隐匿在鹅舍内，夜间爬到鹅体上吸血。当重度感染时，鹅会受到严重侵袭，出现奇痒不安、消瘦、贫血，日渐衰弱，肉鹅生长发育缓慢，母鹅产蛋率下降。有的鹅在腹部和翼下出现痘疹状病灶，病灶中间凹陷处可见到小红点，为螨的幼虫。雏鹅感染因失血过多，可导致死亡。

图 4-17　患病鹅之羽毛根部

防治措施：预防鹅螨病首先要做好鹅舍的清洁卫生，及时清除鹅粪、垫料、污物，对鹅场内的一切用具，必须进行彻底消毒，可选用火碱、过氧乙酸、百毒杀或火焰消毒。

治疗鹅螨病可选用伊维菌素，按每千克体重 0.2 mg，一次性皮下注射；如果体内外寄生虫同时治疗，可选用阿苯达唑－伊维菌素粉剂，按每千克体重一次投服本品 0.14～0.2 g，连用 3 天，效果很好。

链接与分享——变废为宝

家禽羽毛往往是屠宰场的废弃物，但鹅的羽毛却曾是朝廷贡品。嘉靖《象山县志》记载："明正德嘉靖间，岁办杂色毛软皮五百一十张，鹅翎四千六百三十根，药材香附子七十斤。"民国时期，象山白鹅开始外销。1978 年象山白鹅开始出口至日本、马来西亚、新加坡等市场，深受欢迎，象山被列为浙江省"冻鹅"出口基地。

浙东鹅绒具有极为松软细密的结构，填充能力在 500 以上。鹅羽产量 100 ~ 180 克 / 只，羽绒绒朵长 20 ~ 30 mm，千朵绒重 2.3 ~ 2.8 g，蓬松度为 15 cm，含绒量为 25% ~ 35%，羽毛洁白，羽干致密，外形美观。在各种保暖材质中，浙东鹅具有卓越品质，属上乘精品，是高级的防寒保温填充材料，可制成羽绒衣、被、枕、帽、扇、睡袋等多种生活用品。羽毛还可用于做文化体育用品。正羽主翼羽、副主翼羽，可加工制成羽毛球、板球、羽毛箭等用品。具有天然色的羽毛，可制作羽毛花、羽毛画以及其他各种装饰品。白色的羽毛可进行人工染

图 4-18　鹅毛扇

色，制作出各种色彩绚丽的手工艺品。羽毛经加工处理后，可做成畜禽的蛋白质饲料，其角蛋白质经化学处理制成高黏度的蛋白溶液，可加工成多种化工产品，可谓全身是宝。

61 日龄

双翅羽毛平行生长，未交叉；腰背部羽毛基本长齐。鹅体胸部深广，背部宽而平。平均体重达到3 700 g。

生理特点

鹅脾脏位于腺胃与肌胃交界处的右背侧，其形状呈钝三角形，红褐色，分为白髓和红髓。脾脏既是贮血和造血器官，又是免疫器官，是鹅免疫系统的重要组成部

图 4-19　61 日龄育肥鹅

分，其主要功能是参与免疫应答，形成针对血液中抗原的抗体，负责清除血液中的老化和异常细胞，细菌、病毒等外来抗原。61 日龄育肥鹅每只采食量：精料345 g，青料2 350 g。日均每只鹅的粪便重量为1 210 g。

图 4-20　稻田放牧的育肥鹅（航拍图）

管理要点

　　放牧加补饲育肥法。饲养经验证明，放牧加补饲是养鹅最经济的育肥方法。放牧育肥俗称"骟茬子"。根据肥育季节的不同，进行骟野草籽，放牧麦地、稻田，让其采食收割时遗留在田地里的麦穗、谷粒，边放牧边休息，定时饮水。如果白天吃的草籽、谷麦粒较多，晚上或夜间可不补饲精料。如果肥育期没有赶上草籽、稻麦成熟的季节，放牧时只能吃些野草，那么晚上或夜间必须补饲精料，能吃多少喂多少，鹅无夜料不肥。补饲最好用全价配合饲料，有条件的可将粉料压制成颗粒料，可减少饲料浪费。补饲时，鹅必须饮足水，尤其是夜间不能停水。

　　放牧育肥必须充分掌握当地农作物的收割季节规律，事先联系好放牧的茬地，预先育雏，制定好放牧育肥计划。

疫病防控

常见疾病及其防治——鹅蜱病

　　病因：鹅蜱病为一种寄生虫病，病原体为波斯锐缘蜱，寄生于鹅体表。蜱吸食鹅的血液，并产生毒素刺激鹅体，影响鹅的生长发育和产蛋。蜱也是一些传染病的传播者。

流行病学：波斯锐缘蜱的生活史分为卵、幼虫、若虫和成虫四个阶段，以宿主的血液为营养。虫体只在吸血时才到鹅身上，附在鹅体表 5～6 天，吸完血后就从鹅身上落下来，藏在鹅舍的墙壁、柱子、巢窝等缝隙里。蜱吸血多半在夜间进行。鹅蜱病主要发生在夏秋季节，以放牧鹅群为主。

临床症状：由于蜱叮咬、吸食大量血液，使病鹅表现出不安，食欲减退，出现贫血、消瘦、生长受阻、产蛋下降。严重时，可引起脾性麻痹，甚至造成死亡。同时，蜱还能传播一种高致病力的鹅螺旋体病。

防治措施：由于波斯锐缘蜱短暂附着于鹅体后，会藏匿于鹅舍周围环境中的隐蔽处，故彻底消除鹅蜱需要对鹅舍的各个角落，包括垫草、墙面、地面、顶棚、围栏、柱子等进行药物喷洒处理。可采用 0.05% 的双甲脒溶液或 25～50 mg/L 的溴氰菊酯溶液进行喷洒。此外，维持鹅舍的清洁与卫生至关重要，同时应尽量避免在波斯锐缘蜱高发区域放牧，以降低感染风险。

鹅言鹅语

世界各地都流传着我们的文化和故事，在希腊神话中，斯巴达王后丽达与化成天鹅的宙斯相爱诞下了美丽的海伦。公元前 390 年，敌军夜袭罗马，守兵因节日狂欢而大醉，当敌军逼近时，守兵尚在梦中，悲剧将至。在这千钧一发之际，守兵养的鹅大叫起来，把士兵唤醒，成功打退了敌军。一群鹅救了一座城，自此罗马人把我们视为灵鸟、圣鹅，不许任何人宰杀，还在中心广场竖起巨大的白鹅雕像，以表示对鹅的敬意。

62 日龄

公鹅颈有力且粗长，母鹅颈纤细而修长。主翼羽继续生长，已接近尾羽。平均体重达到3 740 g。

生理特点

鹅淋巴结有两对，一对是位于颈胸交界处紧贴颈静脉的颈胸淋巴结，另一对是位于腰部主动脉两侧的腰淋巴。在胃肠道、呼吸道和头部也有许多淋巴组织存在。如盲肠扁桃

图 4-21　62 日龄育肥鹅

体、卵黄囊憩室、派尔结、德腺、泪腺、结膜相关淋巴组织、鼻腔淋巴组织和咽部淋巴组织等。这些淋巴组织可产生大量淋巴细胞集合（主要是 T 细胞），在抗原识别和信号传导中具有重要作用。62 日龄育肥鹅每只采食量：精料 345 g，青料 2 400 g。日均每只鹅的粪便重量为 1 260 g。

管理要点

采用圈养限制运动育肥法。在舍内或在运动场用围栏将鹅群圈起来育肥，每平方米饲养 5 ~ 6 只，要求栏舍干燥，通风良好，光线弱，环境安静。每天从早

上 5 点到晚上 10 点喂料 3 ~ 5 次。育肥 10 ~ 20 天左右，鹅体重迅速增加 30% 左右。这种育肥方法的饲养成本较放牧育肥高，但生产效率较高，育肥的均匀度比较好，最适合于集约化大批量饲养，也适用于放牧条件较差的地区或季节。

疫病防控

常见疾病及其防治——鹅螺旋体病

病因：该病是由鹅包柔氏螺旋体感染引起的一种急性、热性传染病，又称包柔氏病。

流行病学：本病流行季节与蜱的活动期相一致，多发生于温暖、潮湿的春末至早秋时期。各种年龄的鹅均易感，但以 3 周龄以内的雏鹅最易感。自然感染潜伏期一般为 3 ~ 12 天。该病的发病率和死亡率差异较大，主要与鹅年龄和蜱感染数量有关。一般发病率为 10% ~ 100%，死亡率为 1% ~ 2%，严重感染者，特别是在存在大量传播媒介的地区，死亡率高达 100%。幼鹅和维生素缺乏的鹅群发病较重，死亡率也较高。

临床症状：急性病例常突然体温升高，精神不振，食欲减退，羽毛蓬乱，呆立不动，头下垂。后期渴欲增加，贫血，喙和肉瘤苍白或黄染，排绿色稀粪，跛行，腿翅麻痹，瘫痪，最后抽搐死亡。病程 4 ~ 6 天。

慢性病例不多见，症状与急性相似而较轻缓，一般经 2 周左右可以完全康复。

一过型病例很少见，病初发热，厌食，垂头呆立，1 ~ 2 天后体温逐渐下降，病情好转。

病理变化：病死鹅尸体消瘦，皮肤黄染；肝肿胀、脆弱易碎、暗褐色，表面有出血点和坏死灶。脾肿大超过正常的 2 ~ 3 倍，色苍白，见多量坏死灶，质地较脆。肾肿大而苍白；小肠黏膜充血、出血，心包有纤维素性渗出物。

防治措施：预防本病首先要避免在蜱活动频繁的季节到草地放牧，其次，还要做好灭蜱工作。一般用 0.5% 马拉硫磷水溶液喷洒鹅舍，包括屋顶、墙、栏和所有木制设备，要注意不可喷洒在鹅体上。或用浓度为 25 ~ 50 mg/L 的溴氰菊酯溶液，进行喷洒，可杀灭鹅体上的蜱。治疗可用青霉素肌肉注射，每只成年鹅注射 4 ~ 6 万单位，每天 2 次，两天为一疗程。也可用土霉素肌肉注射，每千克体重 0.05 ~ 0.1 g，每天 1 次，连续 2 天。

鹅言鹅语

　　我是最聪明的鸟类之一，具有很好的记忆力。被人类驯养后，古人就把我们当宠物鹅、观赏鹅、警鹅饲养。我不容易忘记与人相处的情景，有时会把第一眼看见的主人当妈妈，甚至比猫、狗还黏人。我跟着主人上街逛马路的场面很拉风哦！

图 4-22　小鹅逛街

63 日龄

外貌特征

鹅的第二性征越来越明显，头上肉瘤稍有凸起，光滑且日渐圆润。雏鹅眼眸纯黑色，近似正圆形，看上去炯炯有神。60日龄以后，眼睑四周出现眼白，且面积慢慢扩大，黑色眼珠随之缩小，看上去更加老气稳重。平均体重达到 3 770 g。

图 4-23　63 日龄育肥鹅

生理特点

公鹅生殖器包括睾丸、附睾、输精管和阴茎。在性成熟时，睾丸能产生精子和雄性激素以繁殖后代、维持性功能和第二性征；附睾附着于睾丸的内侧，是储存精子的场所；输精管是精子输出的管道，末端形成射精管；阴茎是公鹅的交配器官，在泄殖腔里与射精管相通，交配时勃起伸出肛门，完成交配。63日龄育肥鹅每只采食量：精料 345 g，青料 2 500 g。日均每只

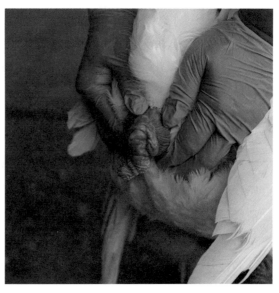

图 4-24　雄性鹅的生殖器

鹅的粪便重量为 1 300 g。

管理要点

规模化养殖场的数量和密度都很大，容易发生疫病流行。管理人员要勤巡查、细观察、早发现，运用"四看一听"法，即通过观察鹅的神、色、形、态和倾听鹅的叫声、咳嗽与喘息来第一时间发现患病鹅，及时作出科学处置。

一看神态。健康鹅精神饱满，活泼好动，步态有力，勤于饮水觅食，行动敏捷；而病态鹅精神萎靡，反应迟钝，体貌消瘦，弯颈弓背，懒于采食饮水，行动缓慢。

二看鹅头。健康鹅头部肌肉丰满，鹅头伸缩富有弹性，肉瘤圆满，眼睛干净且炯炯有神，四处张望，呼吸自然；而病态鹅头部肌肉消瘦，眼睛无神或打瞌睡，眼球浑浊不清，有时口、眼、鼻还会出现流涎、流泪、流涕的情况。

三看毛色。浙东白鹅全身覆盖着浓密洁白的羽毛。健康鹅羽毛整齐、毛色光亮，翅膀紧贴身体；而病态鹅羽毛松乱、光泽暗淡，翅膀下垂微微张开。除此之外，还要注意观察鹅的肉色、胫色、喙色、肤色以及肉瘤颜色等，以便进行综合判断。

四看肛门。健康鹅肛门周围干净、无污迹黏液、伸缩有力；而病态鹅肛门周围有白色或绿色污迹黏液，或沾有粪便污染的脏毛。

五听叫声。健康鹅叫声长而响亮，曲项高歌；病态鹅叫声无力、低沉，短促而嘶哑。排泄时发出吱吱的疼痛声可能是患有白痢；而咳嗽或打喷嚏则可能是感染新城疫、传染性支气管炎及支原体病等疾病。

疫病防控

鹅病的预防要从点滴做起，最根本的是做好养鹅场的日常卫生和消毒工作。养殖户应该及时清理鹅粪。9 周龄以后，由于其进食量大，排粪多，应该适当增加清粪频率。定期对养鹅场进行消毒处理。对地面的消毒使用粉剂消毒药进行喷撒消毒效果好；对鹅笼、用具以及空气的消毒，则用消毒液进行喷洒消毒效果好；两种方式结合使用的效果更佳。有条件的鹅场，鹅舍内可用臭氧机进行臭氧消毒，每天一次。

鹅言鹅语

　　浙东人爱鹅成风，古有羲之换鹅、宾王咏鹅，今有专属"白鹅节"。自2009年首届象山白鹅节拉开序幕以来，至今已成功举办了12届。包括鹅王擂台赛、鹅头开荤、端午送节、孵化封箱、白鹅舞等民俗文化活动和感恩仪式，象山白鹅节已经成为展示共同富裕新气象的舞台。像"人鹅Fighting运动会"这样的活动还吸引了不少外国友人参加呢！我们成了节日的流量明星。

图4-25　象山白鹅节

64 日龄

外貌特征

腰背部羽毛长齐。体躯优美好像一艘白色帆船，尾巴如船舵，脚蹼如船桨，翅膀如船帆。平均体重达到 3 800 g。

图 4-26 64 日龄育肥鹅

生理特点

母鹅生殖器由左侧卵巢和输卵管组成。右侧卵巢、输卵管已退化。输卵管由漏斗部、膨大部、峡部以及子宫和阴道组成。母鹅性成熟后进入产蛋期，卵巢中成熟的卵泡逐个破裂，将卵子释放出来，落入输卵管的漏斗部，并在漏斗部完成受精。受精卵经输卵管的蠕动和推送，在输卵管内移行到泄殖腔的过程中，裹上蛋白、蛋壳膜、蛋壳，最后从泄殖腔产出，完成产蛋。64日龄育肥鹅每只采食量：精料345 g，青料2 500 g。日均每只鹅的粪便重量为1 300 g。

管理要点

采用自由采食育肥法。有栅（网）上育肥和地上平面加垫料育肥两种方式，均用竹竿或木条隔成小区，食槽和水槽设在围栏外，鹅伸出头来自由采食和饮水。采用高能量饲料饲喂。

我国华南一带多用围栏栅上育肥，在距地面60 ~ 70 cm高处搭起栅架，栅条间距3 ~ 4 cm。鹅粪可通过栅条间隙漏到地面上，鹅在栅面上可保持干燥，清洁的环境有利于育肥。育肥结束后一次性清粪。有的鹅场将栅条直接架设在水面上，利用鹅粪喂鱼，使鹅粪得以综合利用。

在东北地区，因没有竹条，多采用地面加垫料育肥，用木条围成围栏，鹅在围栏内活动，头外伸采食和饮水。每天都要清理垫料或加垫新料，劳动强度相对大，卫生较差，肥育效果不如栅上育肥佳，但投资少。

疫病防控

常见疾病及其防治——鹅脚趾脓肿

病因：鹅脚趾脓肿，又叫趾瘤病，是一种常见疾病，因脚趾底部及其周围组织损伤后细菌感染引起。本病多见于大、中型鹅，当地面不平整或过于坚硬，如放牧时行走在含有大量石块和尖锐物的道路上，则会导致鹅的脚趾皮肤受损，进而感染细菌，形成脓肿。

临床症状：病鹅表现出脚底皮肤发炎、肿胀和化脓，触摸敏感且疼痛。行走受到影响，食欲下降，羽毛失去光泽，整体精神状态不佳，体重减轻。严重时，感染区域扩散到脚趾间组织、关节和腱鞘，积聚大量的炎症渗出物和坏死组织。若病程较长，炎性物质会逐渐干燥，形成干酪样，或在破溃后形成溃疡。

防治措施：预防此病的首要措施是确保鹅活动场地的地面平坦，避免鹅只在放牧时行走在不平坦或有尖锐物的地面上。病鹅需及时治疗，切开脓肿，排出脓汁并清创，用1% ~ 2%的雷夫奴尔溶液冲洗，并撒上磺胺粉。在此期间，应停止放牧，同时给病鹅内服抗炎药物，每天换药一次，通常一周内可痊愈。

链接与分享——光照与产蛋

鹅是一种季节性繁殖动物，其生长发育受到光照因素的影响，同时鹅本身对光照也较为敏感。之前研究指出，适当延长光照时间可刺激鹅性腺的发育，进而提高其产蛋率。然而，后来有研究发现，在夏季持续延长光照时间，并未提高鹅的繁殖性能，反而还导致性腺萎缩，这种现象称为光不应和光钝化效应。

根据光照时间和繁殖周期的关系，可将鹅分为三种类型：全长日照繁殖型、部分长日照繁殖型和短日照繁殖型。浙东白鹅属于短日照繁殖品种，缩短光照时长有助于促进浙东白鹅的繁殖活动，而光照时间过长则会抑制其繁殖活动。研究表明，浙东白鹅的产蛋行为与光照存在密切的联系，80%以上的蛋在有光照的情况下产出。应用短光照处理能显著减少就巢时间，延长产蛋周期，进而提高产蛋性能和产蛋量。

65 日龄

翅膀羽毛长至尾部。浙东白鹅属中型肉用鹅品种，体躯呈长方形，结构紧凑。平均体重达到 3 845 g。

鹅的血液循环系统是由心脏、血管及血液三部分组成。心脏是血液循环系统的核心，主要作用是泵血，鹅心脏搏动频率比鸡、鸭慢，成年鹅的平均心率是 200 次 / 分，雏鹅比成鹅快，

图 4-27　65 日龄育肥鹅

公鹅比母鹅慢。其收缩和舒张可以推动血液在血管内运行，从而完成血液循环。65 日龄育肥鹅每只采食量：精料 345 g，青料 2 500 g。日均每只鹅的粪便重量为 1 300 g。

采用自由采食育肥，生产中一般是实行"先青后精"的原则。开始时可先喂 40% 的青料，后喂 60% 的精料，也可精、青料混合饲喂。在饲养过程中要注意

鹅粪的变化，酌情调整精、青料的比例。当粪便逐渐变黑，粪条变细而结实，说明肠管和肠系膜开始沉积脂肪，应改为先喂 80% 的精料，后喂 20% 的青料，逐渐减少青粗饲料的添加量，促进其增膘，缩短肥育时间，提高育肥效益。

疫病防控

常见疾病及其防治——鹅营养代谢性疾病

该病指因鹅体内营养物质出现绝对、相对缺乏或过多，以及机体受内外环境因素的影响，引起营养物质的平衡失调，出现新陈代谢和营养障碍，导致机体生长发育受阻，生产力、繁殖力和抗病力降低，甚至危及生命。引起鹅营养代谢性疾病的原因主要有：营养物质供给和摄入不足；鹅出现营养物质消化、吸收障碍；鹅对营养物质的需要量增多；营养物质的平衡失调；鹅体机能衰退，对营养物质的吸收与利用能力降低。

鹅营养代谢性疾病主要包括维生素 A 缺乏症、维生素 E 及硒缺乏症、软骨症、异食癖症、脂肪肝综合征等。

鹅言鹅语

> 我遍身是宝，肉味美、蛋可食、羽则可制衣，肉和蛋中富含蛋白质、脂肪和维生素，我的血、胆、脾、掌都被《本草纲目》列为药材，能补虚益气，暖胃生津。李时珍曾言，"鹅肉利五脏，解五脏热，止消渴""鹅掌黄皮烧研，搽脚趾缝湿烂；焙研、油调，涂冻疮良"。人们对我已是十分偏爱。

66 日龄

外貌特征

鹅的主翼羽继续生长。鹅体躯紧凑结实，颈细长、跖粗壮、蹼厚实。平均体重达到 3 880 g。

生理特点

鹅血管遍布全身，是血液运行的通道。根据其功能和结构不同，血管可以分为动脉、静脉和毛细血管，其中动脉是运送血液离心的管道，静脉是运

图 4-28 66 日龄育肥鹅

送血液回心的管道，毛细血管是连接动、静脉末梢间的管道。血管具有一定的弹性和通透性，有助于血液的流动和组织间的物质交换。特别是毛细血管，其管壁薄、通透性大、管腔较细，血液流速较慢，是血液与组织液进行物质交换的场所。66 日龄育肥鹅每只采食量：精料 345 g，青料 2 500 g。日均每只鹅的粪便重量为 1 300 g。

管理要点

育肥即将结束，要坚持严格的管理制度，继续做好日常管理工作，保证育肥鹅健康、安全出栏。在出栏前，特别要防止外来人员、车辆及物资随便进入鹅场，以免将病原带入鹅场。要继续提供安静的环境，避免鹅群应激。

常见疾病及其防治——维生素A缺乏症

病因：该病是指鹅体内因缺乏维生素A，不能满足新陈代谢需要而发生的一种营养代谢性疾病，以生长发育不良、皮肤上皮角质化不全、视觉障碍、产蛋率和孵化率下降、胚胎畸形等为特征。各种年龄的鹅均可发生。

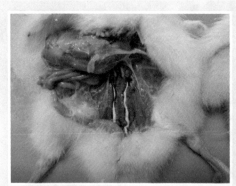 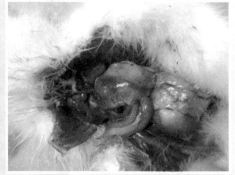

图 4-29　维生素 A 缺乏症之肝脏病变　　图 4-30　维生素 A 缺乏症之肾脏病变

临床症状：鹅缺乏维生素A时，病鹅表现出精神委顿、食欲不振、生长发育受阻、趾爪蜷缩、羽毛蓬乱、喙部颜色急速减退等一般症状。本病的特征性症状为眼睑肿胀、粘合，流泪，眼结膜囊内有大量干酪样渗出物，眼球萎缩；口腔、咽、食道黏膜发炎，有散在性坏死灶，表面生成灰白色假膜。产蛋鹅可引起产蛋量下降，蛋黄颜色变淡，受精率、孵化率下降，鹅喙、蹼颜色变淡。

防治措施：鹅群饲料中应增加富含维生素A的胡萝卜、青草、南瓜、黄玉米等，可在产蛋鹅饲料中添加鱼肝油，以预防本病的发生。维生素A属于脂溶性维生素，容易在热和氧化条件下分解，因此饲料不宜存放过久，防止发热、发霉及氧化。

鹅群一旦发生维生素A缺乏症，可在日粮中添加 3 000 μg/kg 的维生素A进行补充治疗。对眼部病变可用 3% 硼酸水冲洗，每日一次，效果良好。

鹅言鹅语

我肝脏的脂肪合成能力在动物界首屈一指。因此，通过填饲可以获得鹅肥肝，一种与松露、鱼子酱齐名的顶级奢侈美食。像朗德鹅、溆浦鹅兄弟，在"管饲"两周后，肝的生长速度可达到正常肝的 6 ~ 10 倍，重量达到体重的 5% ~ 10%。

67 日龄

外貌特征

鹅体主翼羽继续生长，血管毛逐渐减少。公鹅与母鹅的叫声不同，仔细听声音可分辨雌雄。平均体重达到 3 915 g。

图 4-31　67 日龄育肥鹅

生理特点

鹅体内的血液总量约占体重的 8% ~ 9%，但屠宰时只能放出约其中的 50%。血液的主要成分是水、血细胞，还含有各种无机盐、代谢物质、葡萄糖等成分。血液内的红细胞呈椭圆形、较大，有细胞核，每立方毫米血液内的红细胞数少于哺乳动物，仅为 270 万个左右；每立方毫米血液中白细胞总数为 18 200 个左右，具有防御作用。血液在血管和心脏内运行，由心脏的搏动推动。主要有提供物质交换、运输营养和代谢产物、防御等功能。67 日龄育肥鹅每只采食量：精料 350 g，青料 2 500 g。日均每只鹅的粪便重量为 1 300 g。

管理要点

日常管理工作同前。

作为育肥鹅，可在鹅群中挑选个体大的鹅出栏销售，挑选时要注意防止惊吓鹅群，避免应激。同时，也将一些个体较轻的弱鹅挑选出来，另行喂养。经过一段时间的育肥，鹅的膘度基本达到要求，鹅的生长速度开始有所下降，饲料用量应适当减少，既保证仔鹅的充分生长，又节省饲料。

疫病防控

常见疾病及其防治——维生素 E 及硒缺乏症

该病是鹅因缺乏维生素 E 和硒而引起的一种营养代谢性疾病。以脑软化、渗出性素质病、白肌病和种鹅繁殖障碍为特征。不同品种和日龄的鹅均可发生。

临床症状：雏鹅发生维生素 E 及硒缺乏症，表现为全身衰竭，站立不稳，共济失调，头颈扭曲，腹部皮下水肿。种鹅表现为生殖器官退化、精子减少或无精，生殖能力损害，产蛋率、受精率和孵化率降低。

病理变化：可见小脑软化、水肿，有出血点和灰白色坏死灶。维生素 E 和硒同时缺乏时，雏鹅表现出渗出性素质病症状，如腹部水肿，皮下胶冻样渗出；白肌病症状则为胸肌和腿肌色浅、苍白、有白色条纹，肌肉松弛无力，运动失调，消化不良，贫血。

防治措施：对于种鹅维生素 E 缺乏症，要在饲料中添加足量的维生素 E，按每千克日粮添加 20 mg、植物油 5 g，连续饲喂，可改善种鹅的繁殖性能。对于雏鹅脑软化症，可每只每日喂服维生素 E 5 mg，连用 3 ～ 4 天；同时在每千克日粮中添加亚硒酸钠 0.2 mg。对于雏鹅渗出性素质病和白肌病，在每千克日粮中添加维生素 E 20 mg、亚硒酸钠 0.2 mg、蛋氨酸 3 mg，连用 2 ～ 3 周。

此外，还要多喂新鲜青绿饲料、青干草、籽实胚芽和植物油，同时在饲料中添加足量的复合维生素、含硒微量元素和氨基酸。

鹅言鹅语

我的脖子粗长而有力，满口锋利的锯齿能轻松扯断树枝和青草。我们的舌头两侧也有锯齿，可以撕碎食物。除了莎草科苔属青草和有毒有特殊气味以外，田间百草都是我的美味佳肴。吃下 7 kg 左右的青草、1 ~ 1.2 kg 精饲料，体重即可增加 1 kg。希望主人多给我投喂青草，省钱又美味！

68 日龄

鹅的主翼羽继续生长，并触及尾羽。喙、肉瘤、跖、蹼颜色继续变深。平均体重达到 3 960 g。

生理特点

鹅喜欢梳理羽毛，去除羽毛中的杂物，并将尾脂腺的油脂涂抹在羽毛上。鹅将喙插入羽毛中啄理，或将翼羽含在嘴里从羽根

图 4-32　68 日龄育肥鹅

向羽尖梳理，再用头、喙摩擦羽毛表面。鹅梳理羽毛的姿势主要有 3 种：伏在地上梳理、站着梳理、站在浅水中或浮在水面上用喙溅水于羽毛上梳理。68 日龄育肥鹅每只采食量：精料 350 g，青料 2 500 g。日均每只鹅的粪便重量为 1 350 g。

管理要点

日常管理工作同前。

疫病防控

常见疾病及其防治——蛇咬伤中毒

毒蛇一般都在夏秋出现，多活动于南方山区、草丛之中，鹅放牧时易被毒蛇咬伤而中毒致死。

临床症状：

鹅被毒蛇咬伤的部位多在头部和脚肢部。鹅被毒蛇咬伤后，因蛇的牙齿很小，伤口不大，不容易被发现，但其症状出现较快，病情发展也快。症状的轻重还与毒蛇的种类和排毒量有关。鹅中毒后主要表现分局部症状和全身症状两方面：

（1）局部症状：蛇咬伤的部位红肿、疼痛、出血。咬伤头部时，脸部及颌下腺极度肿胀，鹅只不安，结膜潮红。咬伤脚肢时，局部肿胀，患肢不能负重，运动时跛行，有时卧地不起。

（2）全身症状：因毒蛇所含毒素的作用不同，主要表现为神经毒、血液毒和混合毒引起的症状。

病理变化：

剖检可见咬伤部位肿胀，在肿胀的中心部位发现蛇咬的牙痕，皮下浆液性浸润，有出血、红肿，皮肤呈紫黑色。

急救要点：

（1）用绳索或布带紧扎在伤口近心端 5 cm 处，以防毒素继续向体内扩散，每隔 15 ~ 20 分钟松带 1 ~ 2 分钟，以防肢体缺血坏死。

（2）用清水或 1∶5 000 高锰酸钾溶液反复冲洗伤口，同时在伤口上做多个"十"字小切口以便排毒。接着用吸奶器、吸引器将毒汁吸出。

（3）解毒药的应用：南通蛇药（季德蛇药），轻者服用 1 片 / 次，3 次 / 日；重者服用 2 片 / 次，4 ~ 6 小时 1 次；也可将上述药片用温水溶化后涂于伤口及周围 3 ~ 4 cm 处。上海蛇药，首次服用 2 片，之后服用 1 片 / 小时。新鲜半边莲（蛇疗草）30 ~ 60 g，水煎服，或捣烂涂伤口周围。

图 4-33　蛇咬伤之鹅脚

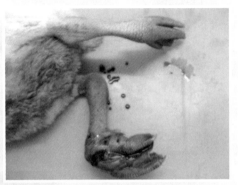
图 4-34　蛇咬伤之牙印

　　我很好地遗传了祖先的合群性，我的集体荣誉感超强，行走时整齐列队，觅食时集体行动，能够远行数里而不乱。一旦有鹅不慎离群他就会发出"嘎嘎"的叫声，鹅群听到后立即应声和鸣，这样就能循声找到同伴归群。

69 日龄

外貌特征

大多鹅全身羽毛洁白，但约有 10% 左右的鹅在头或腰、背、腹部夹杂少量黑褐色羽毛。平均体重达到 4 000 g。

生理特点

鹅在白天和夜晚都能睡眠。鹅睡眠一般在采食饲料、饮水后，鹅群在公鹅的带领下寻找干燥的地方睡觉，睡眠时长为 1 小时左右。不睡的鹅仍觅食或游泳或自洁。鹅睡眠有三种姿

图 4-35　69 日龄育肥鹅

势。最常见的是卧着睡，头颈后弯，喙插入或不插入背部双翅羽丛中；其次是站着睡，其中约三分之一为单腿站立睡，三分之二为双腿站立睡，头颈后弯，喙插入背部双翅羽丛中。站着睡的鹅一般承担着放哨的任务，称为"哨鹅"。此外，还有漂在水面睡。69 日龄育肥鹅每只采食量：精料 350 g，青料 2 500 g。日均每只鹅的粪便重量为 1 350 g。

管理要点

科学收集和处理粪污，不仅是鹅群防疫健康的保障需要，也是环境保护的重

要课题。养殖场内应具有便捷的排水、排污设施，场内污水须实现雨污分流、暗管排放、集中处理，不能直接排入沟渠河道。鹅场粪污可以通过厌氧发酵或者还田的方式处理。在厌氧发酵方式中，首先要对鹅粪污进行固液分离，固体部分用于制肥，液体部分用于发酵。还田方式适用于小规模饲养户，将干粪或垫草从鹅舍清扫出来，经堆沥后生产有机复合肥，用于种植青饲料或供周边农户肥田利用。粪水经过栅格池、氧化塘沉淀处理后再排放到林草地或荒地。

图 4-36　自动清粪系统

疫病防控

常见疾病及其防治——鹅肿瘤病

病因：本病是由于鹅长期采食含黄曲霉素的饲料、细胞恶变以及一些尚未明确的原因所导致。该病常见于 1 岁龄以上的成年鹅，在商品肉鹅中目前还没有发现肿瘤病的发生。

病理变化：鹅肿瘤多发生在肝脏，可见肝脏肿大、质地变硬，有灰白色或灰黄色的肿瘤结节。

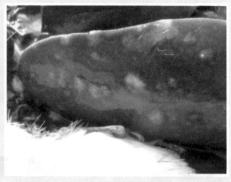

图 4-37　鹅肿瘤病之死鹅　　　　图 4-38　鹅肿瘤病之肝脏病变

　　防治措施：加强饲养管理，不饲喂霉变的饲料，保持鹅舍干净、卫生，不使用发霉垫料，可在一定程度上达到预防的目的。一旦发现，立即淘汰。目前暂无有效治疗方法。

鹅言鹅语

　　我可以骄傲地说，我的成年同伴无一不是颜值出众的帅哥美女，他们外貌雅洁、身披白袍、高冠博带、神形灵动、气宇轩昂，颇具君子之风。古有"飘若浮云，矫若惊龙"之誉，被称为"鹅道人"。

70 日龄

外貌特征

70 日龄育肥鹅体躯结实、丰满，呈长方形；羽毛整齐、光亮；胸肌宽深，腹微下垂；颈圆滑、细长；喙、肉瘤、跖、蹼呈深橘黄色；叫声低沉。平均体重达到 4 060 g。

图 4-39　70 日龄育肥鹅　　　　　图 4-40　70 日龄育肥鹅头部

生理特点

鹅是杂食性动物，嗅觉和味觉都不发达，对饲料的适口性要求不高，因此比其他禽类的食性更广，更耐粗饲。鹅能采食各种精、粗、青饲料，也能充分利用田间或路边的野草、遗谷、麦粒和深埋在淤泥中的草根和块根，饲料利用力极强。鹅的这一特点，为后备鹅培育和种鹅生产提供了有利条件。70 日龄育肥鹅每只采食量：精料 350 g，青料 2 500 g。日均每只鹅的粪便重量为 1 350 g。

管理要点

日常管理工作同前。

做好育肥肉鹅的分级工作：根据两侧翼下体躯的皮下脂肪沉积情况，可将育肥鹅按膘情分为三个等级：①上等肥度鹅，皮下摸到较大结实、富有弹性的脂肪块；遍体皮下脂肪增厚，摸不到肋骨；尾椎部丰满；胸肌饱满突出胸骨嵴，从胸部到尾部上下几乎一般粗；羽根呈透明状。②中等肥度鹅，皮下摸到板栗大小的稀松小团块。③下等肥度鹅，皮下脂肪增厚，皮肤可以滑动。当育肥鹅达到上等肥度即可上市出售。肥度都达中等以上，体重和肥度整齐均匀，说明肥育成绩优秀。

分批次销售后剩余的育肥鹅仍按照育肥鹅的要求饲养和管理。

疫病防控

做好育肥鹅出售、清仓后的消毒。清仓消毒包括鹅舍、饲养用具、运动场地、道路以及周围环境的消毒，其目的是彻底消毒病原体，为下一轮进鹅养殖做好卫生防疫准备。

清仓消毒程序与方法：

（1）清扫。对鹅舍、运动场地、道路及周围环境进行彻底清扫，不留死角。清除鹅粪、垫草、杂物、灰尘，并对鹅粪进行堆积发酵无害化处理，垫草、杂物可焚烧处理。

（2）清洗。对上述清扫后的鹅舍、运动场地、道路及周围环境进行彻底冲洗，对于干燥黏结的鹅粪，要用水浸泡后冲洗干净。对料槽、水槽及所有饲养工具，要用清水浸泡洗刷干净，并晒干。

（3）消毒。鹅舍地面、运动场、道路及周围环境可用消毒液喷洒或消毒药粉喷撒消毒；鹅舍墙壁、支架、顶棚等各个部分可用消毒液喷洒消毒；料槽、水槽、饲养工具可用消毒液喷洒或浸泡消毒。以上消毒间隔 3~5 天再进行一次。在下一批鹅群进场前 2 天再进行一次彻底消毒。

链接与分享——鹅产品加工

鹅产品加工是养鹅业向产业化发展的关键环节之一，其优势在于能够延长产业链、创造多种附加价值。与其他畜产品产业相比，鹅产品加工业具有更高的效益和更广阔的市场前景。鹅产品加工包括活鹅屠宰、熟食加工及附加产品生产三种。

在活鹅屠宰方面，活鹅以屠宰后进行简单分割和排酸等，最终形成活体鹅和白条鹅两种形式的产品。这些产品大部分没有进行进一步分割，通常没有外包装。然而，浙东白鹅肉富含游离鲜味氨基酸和不饱和脂肪酸，因此建议饲养者可以根据实际情况对浙东白鹅进行进一步分割与包装，以工业化思路、品牌化理念、市场化手段营销，从而提高产品附加值。

熟食鹅产品也是鹅产品加工的重要组成部分。熟食鹅产品的种类很多，包括烤鹅、烧鹅、盐水鹅等。这些产品需要经过严格的加工工艺和质量控制，以确保其口感和卫生质量。同时，熟食鹅产品的加工也需要根据不同地区市场需求和消费者口味偏好进行相应调整和创新。

鹅肥肝与鹅绒是鹅产业中非常重要的附加产品。鹅肥肝是用特定的饲料和特定的工艺技术在活鹅体内培育而成，在北京、山东、江苏、浙江、吉林等地均有生产。朗德鹅是生产鹅肥肝的主要品种。我国从事鹅肥肝的生产研究及出口至今已超过20年，成功研发了多款适用于鹅和鸭的肥肝填饲设备，并针对中国鹅种的特性，开发了相应的填饲技术，生产出优质的鹅肥肝产品。在羽绒产业方面，鹅羽绒以其卓越的品质在全球市场中占据了重要地位，仅次于野生天鹅绒。它以其出色的蓬松度、轻盈性、柔软性以及优异的保暖性和耐用性而闻名，经过加工后，成为服装和寝具的高端填充材料。我国作为全球最大的羽绒生产和出口国，羽绒及其制品的出口量约占全球贸易总量的三分之一。此外，刀翎、窝翎、大花毛等也是制作体育器材和工艺美术品的重要原料。

综上所述，鹅产品加工业具有显著的经济效益和品牌效益。通过深化对鹅产品的加工，能够进一步推动养鹅业发展并促进相关产业繁荣。

鹅言鹅语

　　我既可以在白昼睡，也可以在夜晚睡；可以卧睡，也可以站着睡；有时候，我甚至会单腿站立睡觉呢！当我们集体进入梦乡时，会有少部分同伴轮流负责放哨，俗称"哨鹅"。当"哨鹅"发现鼠蛇骚扰等轻微"敌情"，就会发出"嘎嘎"声警示；当发现猫、犬逼近等严重"敌情"，哨鹅会立即发出响亮、凄厉的鸣叫，并在头鹅的带领下准备"战斗"或撤退。

图 4-41　鹅单腿站立休息

第五章 后备种鹅

- ▼ 前期（70 ～ 90 日龄）
- ▼ 中期（90 ～ 150 日龄）
- ▼ 后期（150 日龄到开始配种产蛋前）

后备种鹅是指那些 70 日龄以上且尚未达到配种产蛋阶段，准备留作种用的鹅只（即 70 ~ 210 日龄）。科学选择和饲养后备种鹅，对提高种鹅产蛋率、受精率和孵化率至关重要。浙东白鹅后备种鹅一般是从 70 日龄后育肥仔鹅中选择。

鹅是一种体成熟要早于生理成熟的家禽。浙东白鹅有别于其他鹅品种，其早期生长发育更快，也就是说其体发育成熟更早，但生理发育仍然处于较慢的状态。因此，后备种鹅饲养必须分阶段进行，使其身体与生理发育均处于最佳状态。浙东白鹅后备种鹅的饲养分为三个阶段，即前期（70 ~ 90 日龄）、中期（90 ~ 150 日龄）、后期（150 日龄到开始配种产蛋前）。

后备种鹅的选择

育肥鹅到 70 日龄后，羽毛、翅膀长成，育肥效果达到最佳，挑选后备种鹅后，剩余鹅只全部作为商品肉鹅销售。在育肥鹅中选择后备种鹅的优点是基数大、选种面广，相比其他选种方法，能够选出更加优良的后备种鹅。

选择后备种鹅应严格按照浙东白鹅品种特征的要求。70 日龄后备公鹅要求：体型健硕，体重达到 4.5 kg 以上，体格健壮，各部分结构发育均衡，肥度中等，头大小适中，两眼有神，喙无畸形，无咽袋，颈粗而长，胸深而宽，背宽长，腹部平整，脚粗壮有力、长短适中、间距宽，羽毛洁白有光泽，无杂色毛，行动灵敏，叫声响亮。70 日龄后备母鹅要求：体重达到 3.6 kg 以上；头大小适中，无咽袋，眼睛灵活有神，颈而细长，体型长而圆，前躯浅窄，后躯宽深，臀部宽广，羽毛洁白光亮，无杂色毛，性情温驯，叫声低沉。

图 5-1　70 日龄后备种鹅

图 5-2　鹅农正在挑选后备种鹅

后备种鹅选留数要多于计划饲养种鹅数的 20%，公母比例 1：4。后备种鹅应来源于不同血统的种鹅群，以避免近亲繁殖。

由于后备种鹅可能来源于不同地区、不同鹅场，且需经过长途运输，因此，做好以下工作对疫病防控至关重要：①浙东白鹅后备种鹅应来源于具有种畜禽生产经营许可证且防疫制度完善的非疫区的原种场或祖代场。②对新引进的后备种鹅要进行隔离观察 7 天，确认健康后方可合群饲养，严防交叉感染。③对后备种鹅进行一次全面的药物驱虫和药物防病。④接种重组禽流感（H5+H7）三价灭活疫苗，每只肌注 1.0 mL；接种禽霍乱灭活疫苗，每只肌注 1.0 mL。⑤做好清洁卫生、消毒等日常管理工作。

鹅言鹅语

我喜欢在安静环境下筑巢产蛋，常有相对固定的蛋窝。临产时，我会发出响亮的"嘎嘎"声，公鹅就会前来护送我进入产房。如果蛋窝被其他母鹅占领，我要么耐心等候，要么冲上去叼啄占领者，而公鹅只会旁观，不会帮我驱赶其他母鹅。为避免争斗，主人要给我们准备充裕的产蛋窝哦。

链接与分享——象山全鹅宴

象山海洋资源得天独厚，"中国开渔节"闻名遐迩，象山海鲜多次登上《舌尖上的中国》。象山的鹅农不甘落后，不仅自发开创了"象山白鹅节"，还推出了风味独特的全鹅宴。嫩鹅吃鲜，老鹅吃香，以鹅为主题的18道菜品，每一道都让人猛吞口水。海鲜与白鹅已成为当地的两张"金名片"。

图 5-3　第十二届象山白鹅节全鹅宴

全鹅宴中经典菜品介绍如下：

1. 翡翠白玉（白切大白鹅）

主要食材：70 日龄左右的象山白鹅。

主要做法：将象山白鹅冷水入锅，水开撇去浮沫，锅中煮熟，待冷却后切块装盘即可。一盘白切鹅肉配一碟酱油，越是简单的吃法，却越能品尝出食材的鲜美。鹅肉味道鲜嫩多汁，充分挑逗"吃货"的味蕾。

图 5-4　翡翠白玉

寓意：洁身自立、纯洁无瑕、两袖清风、做人清白。

2. 脚踏实地（鲍汁鹅掌）

主要食材：鹅掌。

主要做法：取发制鲍鱼时所得的原汁，用多种呈鲜原料经过长时间煲制而成的。鹅掌先放入 260° 油锅里炸，炸好后加入火腿、五花肉、鸡肉，加入高汤、蚝油、生抽、冰糖慢炖 12 小时。菜品具有色泽深褐、油润爽口、味道鲜美、香气浓郁的特点。口味是鲍汁味。

图 5-5　脚踏实地

寓意：不积跬步，无以至千里；不积小流，无以成江海。李大钊同志曾说："凡事都要脚踏实地去作，不驰于空想，不骛于虚声，而惟以求真的态度作踏实的工夫。以此态度求学，则真理可明，以此态度作事，则功业可就。"

3. 鸿运当头（鹅头）

主要食材：鹅头。

主要做法：鹅头焯水去腥后，加入秘制卤水卤制 20 分钟，再在卤水中浸泡 5 个小时，再入油锅炸制焦黄，撒上椒盐装盘即可。口味是酱香味。

寓意：鸿运当头、好兆头，让你工作有干头，做事有劲头，目标有准头，经营有赚头，未来有想头，日子有奔头！

图 5-6　鸿运当头

4. 出水芙蓉（白鹅蛋）

主要食材：白鹅蛋。

主要做法：白鹅蛋打入容器，放入高汤，加入食盐，充分搅拌均匀后，再倒入鹅蛋壳内上屉蒸15分钟，上桌前撒上葱花即可。此道菜品入口滑爽，口味咸鲜，沁人心脾。

寓意："学画宫眉细细长，芙蓉出水斗新妆。"吃了白鹅蛋，拥有鹅蛋脸。

图 5-7　出水芙蓉

5. 雄心壮志（红烧老鹅公）

主要食材：饲养了5年以上的老鹅公。

主要做法：焯水去腥加入多味中药食材后，放入高压锅煮20分钟，再倒入砂锅文火炖煮30分钟。此道菜品酱香四溢，尝后唇齿留香。

寓意："莫道桑榆晚，为霞尚满天。""岁老根弥壮，阳骄叶更阴。"吃了这道菜的人犹如雄鹰展翅，志存千里。

图 5-8　雄心壮志

6. 奇珍异宝（鹅胗）

主要食材：鹅胗。

主要做法：鹅胗上浆，滑炒。口味是鲜辣味。

图 5-9　奇珍异宝

寓意：吃了这道菜的人家中瑰宝为家中招财，吉星照耀，贵人八方而来。

7.高鹏展翅

主要食材：鹅翅。

主要做法：鹅翅焯水拔掉细毛，放入调好的卤水中卤十分钟，关火浸泡三小时。香浓醇厚、鲜嫩滑爽。

寓意：吃了这道菜的人高鹏展翅任逍遥，随心所欲乐陶陶。

图 5-10　高鹏展翅

8.凤凰涅槃（烤鹅）

主要食材：90 日龄以上的鹅。

主要做法：鹅挂糖水，晾干，放入烤炉中烤制而成。口味是咸香味。

寓意：凤凰涅槃、浴火重生。吃了这道菜的人会拥有不畏苦难、义无反顾、不断追求、提升自我的执着精神。

图 5-11　凤凰涅槃

9.一鸣惊人（鹅脖）

主要食材：鹅脖。

主要做法：鹅脖子焯水，放入卤水中卤十分钟，取出放入油锅中炸酥，撒上椒盐、

图 5-12　一鸣惊人

葱花，装盘。口味是椒香味。

寓意：吃了这道菜的人一鸣惊人。

10. 心心相印（鹅点心）

主要食材：面粉。

主要做法：面粉发酵，加蛋、加水、加糖和牛奶揉搓，蒸煮而成，口味是香甜味。

图 5-13　心心相印

寓意："在天愿作比翼鸟，在地愿为连理枝。"吃了这道菜的情侣心心相印、手手相连。

其他菜品还有牵肠挂肚、心肝宝贝、青葱岁月、舌尖味道、白雪红梅、顶天立地、金玉满堂、一心一意、流连忘返等。

前期（70~90 日龄）

外貌特征

　　全身羽毛趋于成熟，鹅体洁白、丰满，两翅膀主翼羽相交于尾羽，之后在整个生命周期中不断换羽。喙、跖、蹼由橘黄色逐渐变深，肉瘤明显增大，呈橘黄色，较喙略浅，爪呈玉白色。

生理特点

　　后备种鹅在饲养前期，骨骼、羽毛、器官仍然处于生长发育阶段，但相对生长

图 5-14　浙东白鹅后备种鹅（前期）

速度减缓。公鹅睾丸发育要晚于母鹅卵巢发育，且左右两侧发育不对称，70 日龄公鹅的睾丸平均重量为 0.1 ~ 0.2 g。

图 5-15　后备种鹅脚蹼（前期）

图 5-16　后备种鹅翅膀（前期）

管理要点

后备种鹅是从多个育肥鹅群中挑选出来的佼佼者，有的甚至是从上市的鹅当中选留下来，往往不是来自同一鹅群。如果直接把它们合并成新群，由于彼此不熟悉，常常发生"欺生"打斗现象，因此，必须先调教再让他们合群。即将不同来源的后备种鹅之间用栅栏隔开，使其只能相互观望而不能跨越，数日后合并饲养。如果仍有"欺生"现象，可以再重新分栏，如此循环，直到彼此熟悉为止。这是后备种鹅前期管理的一个重点。

后备种鹅前期的生长发育仍然维持一定增速，特别是骨骼、羽毛和器官的发育。如果提供的日粮能量、蛋白质过高，会导致后备种鹅个体过肥，体重过重，并促其早熟；如果控料过严，能量、蛋白质过低，也会影响生长发育，导致骨骼发育纤细，体型较小，体重过轻，生殖器官发育不完全。培育至90日龄后，鹅的骨骼、羽毛、器官的发育基本完成，转入中期（90～150日龄），进入生理发育期和换羽期饲养阶段。这就是种鹅较难饲养的重要原因。

鉴于上述后备种鹅前期的生理特点，这一阶段的饲养仍然需提供较高营养水平的日粮，并保证供给充足的青绿饲料，适当添加矿物质、微量元素和维生素。放牧是该阶段饲养的最好方法。放牧既能促进鹅的骨骼、羽毛、器官的发育，又能控制鹅的过肥、过重，有条件的鹅场应尽量进行放牧饲养。

掌握限饲或补料的合理程度。补料过多、过少，或与青料比例不当，常导致消化不良，粪便颜色、粗细、松紧度改变。当鹅粪粗大而松散，用脚轻拨可分为几段，则说明精料与青、粗料比例较适当（如图）。若鹅粪细小、结实、断截成粒状，说明精料过多，

图5-17　健康鹅的粪便

青、粗料太少。若粪便色浅且较难成形，排出即散开，说明精料太少，营养不足，应适当增加精料用量。

　　饲养种鹅还要注意补充光照。光通过视觉刺激脑垂体前叶分泌促性腺激素，促使卵巢卵泡发育，卵巢分泌雌性激素促进输卵管发育，同时使耻骨张开；光照能引起公鹅促性腺激素分泌，刺激睾丸精细管发育，促进公鹅性成熟。因此，光照长短及强弱，直接影响后备种鹅生长发育，影响种鹅繁殖力。光照分自然光照和人工光照两种，补充人工光照就能维持适合种鹅所需要的昼长，延长或者缩短光照，可提前或延后母鹅开产。所以，调控光照就可以相应调控种鹅生产及羽毛脱换时间。若光照长期不足，可能影响钙、磷、维生素 D 吸收而发生佝偻病。

疫病防控

常见疾病及其防治——鹅佝偻病

　　该病是一种由于钙、磷及维生素 D 代谢障碍引起的非炎性疾病，又称维生素 D 缺乏症。

　　发病原因：

　　（1）钙、磷不足：不同日龄的鹅对钙、磷的需要量不同，如果饲料中钙、磷的含量偏低或者不同日龄的鹅长期饲喂同一饲料，那么处于对钙、磷需求量较高阶段的鹅就会出现钙磷不足，从而导致发育变得非常迟缓，严重者演变为钙、磷缺乏症。饲料营养不平衡，尤其是饲喂单一谷物且无饲料添加剂的情况下，此病发生率增大。

　　（2）饲料中钙、磷比例失调：在饲料中盲目添加过量钙或磷会导致钙、磷比例失调，使两种元素在肠道的消化吸收效果变差，同样会导致佝偻病的发生。

　　（3）维生素 D 缺乏：维生素 D 的作用主要是参与钙、磷的代谢，促进钙、磷吸收。如果维生素 D 缺乏，即使饲料中有足够的钙磷，吸收到鹅体内的量仍然会不足，从而引发佝偻病。在日照长、强度充足的情况下，鹅自身可以合成维生素 D。一般放牧鹅不会出现维生素 D 不足，无需补充，但产蛋种鹅仍建议在饲料中添加适量维生素 D。

　　临床症状：

　　早期见于 10 日龄左右的雏鹅，但 30 日龄左右的鹅症状更明显。表现有厌食，生长缓慢，羽毛生长不良，腿软，站立不稳，呈"企鹅式"姿势，喙爪弯曲，关节肿大，肋骨与肋软骨连接处显著肿大，两腿呈"O"状，翅、腿骨易骨折。成年鹅出现腿软无力、卧地不起，爪喙变软或弯曲，关节肿大等一系列情况。对于产蛋鹅来说，多见于产蛋量下降，蛋壳变薄等。

病理变化：剖检可以发现全身各部骨骼都有不同程度的肿胀、变形。脑骨变软，肋骨、胸骨骨化不全，胸骨呈"S"状弯曲，肋骨端软骨肿大呈串珠状的特殊病变（见图5-18、5-19）。骨体容易折断，骨质软，骨密质变薄，骨髓腔变大，关节面软骨肿胀。雏鹅胫骨、股骨、头骨疏松。

防治措施：

（1）配合饲料要满足鹅生长和产蛋对钙、磷和维生素D的需要，而且要保证比例适当。生长期钙和磷比应为（1.2～1.5）：1，产蛋期钙和磷的比例可为4：1或更高。一般在饲料中添加1%～2%的优质骨粉或2%磷酸氢钙，同时补充维生素D或鱼肝油。

（2）对于发病鹅群，要查明是钙缺乏还是磷缺乏，或是钙磷比例不合理，或是维生素D缺乏，最直接快速的方法就是对使用的饲料进行化验，查看钙、磷的含量及其比例。如果是条件有限难以查明原因，可在饲料中添加蛋壳粉、骨粉、贝壳粉或磷酸氢钙等原料，加喂鱼肝油或维生素D_3。100 kg饲料加5～10 g维生素D_3，一般添加1～2天即可。只要采取以上措施，大多数病鹅在一周后基本可以康复。

 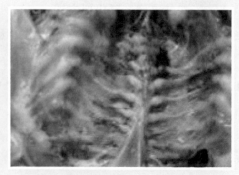

图5-18　佝偻病之软脑骨　　　　图5-19　佝偻病鹅之肋骨端病变

鹅言鹅语

　　我们的母性本能很强，自己下蛋、衔草筑窝，自己抱窝孵化。跟鸡不一样，我们并非每日都产蛋的，而是间隔一二天才会下一次蛋。当产蛋季结束，我们便进入休蛋期。在这段时间，我会整天懒洋洋没精神，不想吃、不想喝、不想动，懒于梳洗，日渐消瘦，主人需要给予我们充分的照顾，帮助我早日恢复体力。

链接与分享——爱情象征

　　旧时，在浙东宁波、舟山端午风俗中，女婿给丈母娘送节的"端午担"里，大白鹅是必不可少的礼物。因为大白鹅由鸿雁驯化而来，而鸿雁终身只有一个配偶，是"生死相许"的爱情象征。有金朝元好问《摸鱼儿·雁丘词》为证：

　　乙丑岁赴试并州，道逢捕雁者云："今旦获一雁，杀之矣。其脱网者悲鸣不能去，竟自投于地而死。"予因买得之，葬之汾水之上，垒石为识，号曰"雁丘"。同行者多为赋诗，予亦有《雁丘词》。旧所作无宫商，今改定之。

　　问世间，情是何物，直教生死相许？

　　天南地北双飞客，老翅几回寒暑。

　　欢乐趣，离别苦，就中更有痴儿女。

　　君应有语：渺万里层云，千山暮雪，只影向谁去？

　　横汾路，寂寞当年箫鼓，荒烟依旧平楚。

　　招魂楚些何嗟及，山鬼暗啼风雨。

　　天也妒，未信与，莺儿燕子俱黄土。

　　千秋万古，为留待骚人，狂歌痛饮，来访雁丘处。

图 5-20　双宿双栖双飞客

　　这是诗人对世间生死不渝的真情的热情讴歌。"双飞客""痴儿女"包含着诗人的哀婉与同情，赞美了爱情的崇高与纯粹。唐代诗人李商隐诗曰："眠沙卧水自成群，曲岸残阳极浦云。那解将心怜孔翠，羁雌长共故雄分。"雁鹅化身文人墨客笔下爱情的代言动物之一。订婚和端午节给丈母娘送鹅，成为浙东女婿向丈母娘表"忠诚"的象征。

中期（90~150日龄）

鹅体第二次换羽，俗称"四面光"，其次序是臀、胸、腰、头颈和背部，而翼羽和尾羽不脱换。体躯呈长方形，颈细长；额上肉瘤突起，随年龄增长而愈加明显（公鹅比母鹅更突出），由三角形变成半球形覆盖于头顶。公鹅高大雄伟，昂首挺胸；母鹅清秀，行动敏捷。

图 5-21　浙东白鹅后备种鹅（中期）

图 5-22　后备种鹅翅膀（中期）

图 5-23　后备种鹅脚蹼（中期）

生理特点

公鹅阴茎体发育成熟，位于肛门的腹侧，主要由大螺旋纤维淋巴体、小螺旋纤维淋巴体和黏液腺构成。在大小螺旋淋巴体之间，形成螺旋形排精沟。当淋巴体内充满淋巴液时，阴茎勃起交配，将精液输送至母鹅泄殖腔。性生理发育成熟期，公鹅频频求偶交配，母鹅开始产蛋。

管理要点

该阶段后备种鹅处于换羽和生理发育成熟期，是后备种鹅饲养管理的关键时期。

1. 公母鹅分栏饲养

浙东白鹅饲养到 120 日龄左右时逐步性成熟，而且公鹅性成熟要早于母鹅。因此，后备种鹅进入中期饲养时，首先要对公母鹅分栏饲养，避免早配，防止公鹅出现厌伴行为。公母鹅分栏饲养到产蛋前一个月的时候可合群饲养，公母鹅相互适应、熟悉一段时间后，进入繁殖期。

2. 后备种鹅的控料

经过前期 20 天的饲养，后备种鹅的身体发育已经完成，接下来就要进入生理发育成熟。如果鹅在生理发育成熟期不进行控料，公鹅与母鹅的性成熟都会提前。母鹅会出现开产过早，小蛋、畸形蛋多，同一群母鹅产蛋早晚不一等现象；公鹅性成熟过早，也会出现厌伴不配现象，影响配种，种蛋受精率不高。通过对后备种鹅的控料，能有效改变这些现象。控料主要是对精饲料的控制。一般情况下，在保证青饲料供应的前提下，精饲料的饲喂量是前期的 50% 左右，即 100 g 左右；如果青饲料供应不足，可用粗饲料代替，如草粉、谷壳、粗糠等。日粮中均应添加维生素、微量元素。

3. 后备种鹅的第二轮选择

第二轮选择要在后备种鹅换羽期进行，除了淘汰伤残、有疾病等不能种用的鹅外，还要淘汰一些换羽晚而慢的后备鹅。

4. 后备种鹅的拔毛

后备种鹅一般于 80 日龄左右就开始第二次换羽。换羽期会进行拔毛，一般在 90 日龄左右可以拔翅膀上的 14 根大羽，到 120 日龄时可进行全身拔毛。拔毛可促进后备种鹅同步换羽，从而促成母鹅产蛋的一致性，同时还可增加一部分收入。母鹅初产蛋，只能作食用蛋，不能孵化雏鹅。母鹅产后抱窝期间，须补充水分和饲料，分栏饲养，防止踩踏。

图 5-24 后备公鹅（左）与母鹅（右）

疫病防控

常见疾病及其防治——母鹅脱肛病

病因：该病是指母鹅输卵管脱垂或外翻，俗称"掉包蛋"。本病多发生于母鹅初产期或产蛋高峰期，经产母鹅发病较少。

（1）后备种鹅控料不当，日粮营养水平过高，体内耻骨间和下腹部大量脂肪沉积，压迫输卵管，使产道变窄；或控料过严，母鹅发育不良，体形过小而蛋过大，都会导致脱肛。

（2）高产母鹅因频繁产蛋，输卵管黏膜分泌减少、润度降低，导致脱肛。

（3）正在产蛋的母鹅突然受到惊吓（如人为干扰、猫狗接近、强光照射、高噪声等刺激），也容易引起脱肛。

（4）母鹅受到大肠杆菌等病原体感染，发生输卵管炎、卵巢炎而引起脱肛。

（5）缺乏青绿饲料供应，维生素补充又不足，导致输卵管黏膜上皮角质化，使其弹性不足，或引起输卵管炎等。

临床症状：可见输卵管连同泄殖腔一同脱出肛门外，长 3～5 cm，如不人工进行复位治疗，其不会自然康复。脱出的输卵管开始为潮红，后随时间增加而逐渐变深红、发绀、水肿、坏死，其他鹅只追逐啄肛，最后死亡。

图 5-25　脱肛之泄殖腔

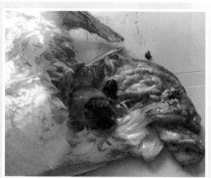

图 5-26　脱肛之输卵管

防治措施：加强后备种鹅的饲养管理，进行科学合理的控料和光照调节，避免种鹅过肥、过小或过早性成熟；鹅场保持清洁卫生，定期消毒，防止大肠杆菌感染等疾病的发生；种鹅场应保持安静，减少各种因素的刺激；加强种鹅的运动，满足青绿饲料供应，合理搭配饲料。

本病无特效药物治疗。对轻微程度的脱肛，可用高锰酸钾溶液清洗脱出的输卵管，然后将输卵管送入泄殖腔，并将鹅体倾斜倒立固定，停止喂料，只供饮水，2～3 天后基本可恢复。对于病情较重的脱肛鹅，应直接淘汰。

鹅言鹅语

　　幸甚至哉！经过层层选拔，我们终于成为后备种鹅，即将担负起种群繁衍的光荣使命。我们来自四面八方，要彼此熟悉、互相适应、和睦相处。我们要健康饮食、积极锻炼，为繁育下一代养精蓄锐。道阻且长，一起奔赴梦想！

后期（150日龄到开始配种产蛋前）

外貌特征

全身羽毛紧贴躯体，光泽鲜亮，洁白无瑕。母鹅体态丰满，腹部饱满，富有弹性，尾羽平直，腹下及肛门附近羽毛平整。公鹅体态雄伟，昂头挺胸，步态稳健，叫声响亮。

生理特点

后备种鹅管理进入后期（产蛋前期），换羽完毕，体质健壮，生殖器官和生殖生理完全发育成熟。

图5-27　浙东白鹅后备种鹅（后期）

管理要点

后备种鹅后期管理阶段大约需要两个月左右。这个阶段的管理要点有五个方面：

1. 公鹅母鹅合群饲养

公鹅母鹅经过两个月的单独饲养后，其生殖器官和生殖生理都得到较好的发育，公鹅性欲旺盛，无厌伴现象。公鹅母鹅之间需要一个相互熟悉的过程，然后再确定伴侣，这样有利于交配，提高受精率。合群可与后备种鹅的第三轮选择、防疫同时进行，这样可减少后备种鹅的应激次数。

2. 后备种鹅的防疫

种鹅开产前是防疫密集期，做好该阶段的防疫工作是种鹅健康饲养的关键。除了针对高致病性禽流感、小鹅瘟和鹅副粘病毒这三大疫病进行常规免疫外，还应包括禽霍乱、大肠杆菌病等的免疫接种。各类疫苗的接种时间应认真安排，免疫间隔应在10天左右。

3. 后备种鹅的第三轮选择

第三轮选择是最后一次对种鹅进行筛选。选择的重点主要是看公鹅的生殖器是否发育正常，母鹅腹后部的耻骨间距是否增宽。对一些生殖器发育不良或有缺陷的公鹅，耻骨间距未增宽或增宽过窄的母鹅应该淘汰。"三选"后公、母比例至少为1：5。

4. 后备种鹅的补料

在后备种鹅饲养后期，为了让鹅快速增肥，顺利进入配种产蛋期，应开始增加精料量。按照浙东白鹅种鹅生产阶段的营养需要，每天饲喂精料175～200 g，主要以玉米、大麦、稻谷、豆粕等为主，粗料50～100 g，以糠麸、谷壳、草粉等为主。每天饲喂两次，早晚各一次，早晚饲喂量分别为全天量的三分之一和三分之二。同时，保证供给青绿饲料，添加矿物质、微量元素和维生素。

疫病防控

这个阶段的疫病防控工作主要是产前免疫，其具体免疫种类和时间安排如下：① 150日龄种鹅接种副粘病毒灭活疫苗，每只皮下注射1.5 mL。② 160日龄种鹅接种大肠杆菌疫苗，每只皮下注射1.0 mL。③ 170日龄种鹅接种小鹅瘟灭活疫苗，每只皮下注射1.0 mL。④ 180日龄种鹅接种重组禽流感（H5+H7）三价灭活疫苗，每只肌肉注射1.5 mL。⑤ 190日龄种鹅接种禽霍乱灭活疫苗，每只肌肉注射1.2 mL。不同地区、不同鹅场可根据实际情况进行适当调整。

鹅体内外寄生虫防治，可选用阿苯达唑－伊维菌素粉剂，按每千克体重一次投服本品0.14～0.2 g，连用3天。

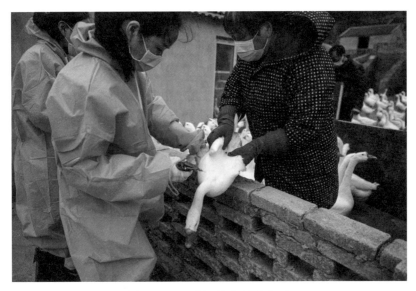

图 5-28　后备种鹅集中免疫

鹅言鹅语

> 我的祖先野生鸿雁被誉为"爱情鸟"，它们双宿双栖，生死相许。我或多或少继承了这种择偶习性，倾向于拥有相对固定的配偶，但这一行为不能使经济价值最大化。如果发现我只钟情于某一只母鹅，主人就会将我与它隔离开，直到忘记那份深情。

链接与分享——像鹅一样活着

人，应该像鹅一样活着。

《诗经》中以"白鸟洁白肥泽"形容天鹅，《齐民要术》亦有相关记载。在现代日语中，"白鸟"就是指天鹅。天鹅一词最早见于李商隐的诗句"拔弦警火凤，交扇拂天鹅"。西方将文人的临终绝笔称为"天鹅绝唱"（swan song）。

鹅的前身是鸿雁。鸿雁和天鹅均是爱情的象征，它们为了保卫自己的巢、卵和幼雏，敢与狐狸等外敌殊死搏斗。在我国古代，父母为儿子订婚，常送一对鹅作为聘礼，寄语夫妻和睦，百年偕老。诸葛亮手中的鹅毛扇，乃其妻黄月英所赠，这把扇子不仅象征着他的谋略与智慧，也是他们忠贞爱情的信物。杨柳依依，绿水荡漾，树下白鹅对影成双，难怪祝英台要嗔骂不解风情的梁兄笨得像"呆头鹅"了。

鹅机警勇敢。牧鸭人往往会在鸭群里养一两只雄鹅，就像在羊群里养猎狗一样。每当鸭群遭到小野兽侵袭时，鹅总是警报开道，猛扑来敌，保护鸭群。在古罗马，有一群白鹅，在敌军深夜偷袭时发出警觉的叫声，及时叫醒了守城军民，粉碎了犯敌的阴谋，故有"一群鹅救了一座城"之誉，被称为"灵鸟"。

"韵会长头，善鸣，峨首似傲""白毛浮绿水，红掌拨清波"，古人认为鹅颇具君子之风。它从不媚强凌弱，不追腥逐臭，不屈膝猥琐，昂首阔步傲然独行，非鸡鸭之辈可以同日而语。或采食于青草绿水之间，或漫步于河岸湖泊之畔，或游嬉欢闹池塘小渠，或展翅追逐吭吭高歌，优哉游哉，逍遥自在，超然物外，为才子隐士所钟情。它们似乎远离尘嚣，世间纷扰早已不放在眼里，所以有王羲之"笼鹅而归"的逸闻。即使是刚刚褪了一身绒毛的青年鹅，也是雍容典雅、清纯脱俗，故文人雅士爱用"鹅蛋脸"来形容美人胚子。

鹅是草食水禽，一生素食，不沾荤腥，莲池大师称之为"鹅道人"。《竹窗二笔》里说："鸭之入田也，蟆螟蚣蚰等吞啖无孑遗，故鸭所游行号大军过。鸡之在地也，蜈蚣之毒恶，蟋蟀之跳梁，无能逃其喙者。而鹅惟噬生草与糠秕耳，斋食不腥，是名道人。"不知道是不是荤腥不沾的原因，"鹅道人"成了家禽界长寿之星，通常可以活到三十至五十岁，甚至于寿高古稀，个别能达到百岁高龄。那是"鸡朋鸭友"们所不能企及的。男女结婚时，英国的男方父母乐于挑选与新娘年龄一般大的老鹅，作为贺礼，以祝长寿。在被誉为"海山仙子国"的象山，乡里田间、塘前屋后随处可见三五成群的白鹅，成为诠注当地"不老文化"的流动风景。

我们，应该像鹅一样活着。

第六章 种 鹅

- ▽ 头产种鹅（210~540 日龄）
- ▽ 经产种鹅（约 540 日龄至淘汰）

　　种鹅是指开始配种或产蛋繁殖后代的公鹅与母鹅。种鹅分为头产种鹅和经产种鹅。种鹅的生长发育已完成，生殖器官和生殖生理已发育成熟，有正常的繁殖行为，对饲料的消化能力、环境适应能力和抗病能力均很强。这一阶段的主要精力用于繁殖方面，饲养管理重点应围绕产蛋和配种工作。种鹅饲养目标：体质健壮、高产稳产，种蛋有较高的受精率和孵化率，以完成繁殖、育种与制种任务，有良好的技术指标与经济效益。

图 6-1　浙东白鹅种鹅

　　种鹅的饲养管理可分为产蛋前期、产蛋期和休蛋期三个阶段。浙东白鹅种鹅繁殖季节性很强，一般 8 月初开始产蛋，到第二年 5 月初进入休蛋期，在一个产蛋年中产蛋期为 9 个月，休蛋期为 3 个月。头产种鹅的产蛋前期与后备种鹅饲养的后期实际上为同一阶段。

头产种鹅（210~540日龄）

头产种鹅阶段的起止时间是由种雏培育时间早迟所决定。以1月初培育种雏为例，8月初可配种进入产蛋期，约210日龄；从8月初到下年6月底换羽结束，约540日龄。头产种鹅起止时间即为210日龄至540日龄。

外貌特征

母鹅体态丰满，行动迟缓，两眼微凸，头部肉瘤颜色浅，尾部平伸舒展，后腹下垂，腹部饱满松软而有弹性，耻骨间距已开张有3~4指宽，鸣声急促、低沉。公鹅体大结实，昂首挺胸，步态敏捷，肉瘤突起，肉瘤、喙、跖、蹼呈橘红色。公鹅体重4.65~6.4 kg，母鹅3.5~5 kg。

图6-2 浙东白鹅头产种鹅

生理特点

进入产蛋期后，种鹅会出现交配、产蛋生理表现。公鹅常陪伴、守护母鹅旁或穿越于母鹅群之中，寻求母鹅交配；母鹅耻骨间距已开张有3~4指宽，肛门周边粘有污物。临产母鹅喜食青饲料和贝壳类矿物质饲料。从配种行为观察，临产母鹅会主动接近公鹅，下水时频频上下点头，要求交配，母鹅间有时也会相互爬肷，并有衔草做窝现象。产蛋期会有采食量减少现象，有就巢性（抱窝性）。产蛋率与光照关系密切。自然生产情况下，来年5月初开始逐渐停产，进入休蛋期。休蛋期约3个月，此期开始换羽。头产母鹅产蛋率较低，年产蛋3~4窝，每窝5~10枚不等，产蛋25~35枚，平均蛋重155克。

就巢性是禽类在进化过程中形成的一种繁衍后代的本能，其表现是雌禽伏卧在蛋窝内，用体温提供热量，使蛋的温度保持在37.8℃左右，直至雏禽出壳。浙东白鹅是鹅类中就巢性最强的，每产完1窝蛋就会就巢1次，不在人工催醒抱窝的情况下每次就巢30天左右。鹅在抱窝期间，卵巢和输卵管萎缩，产蛋停止，采食量明显下降。抱窝性越强则产蛋量越少。在机器集中孵化的条件下，通过各种形式消除或减少母鹅的抱窝行为，可提高产蛋量。

管理要点

1. 头产种鹅的管理

（1）产蛋期管理

头产种鹅饲养密度一般为每平方米1.2~1.3只，最多不能超过1.5只。

产蛋、醒抱设施早做准备。在头产种鹅入场前预先建好产蛋舍、醒抱栏等设施。产蛋舍应建在较高、干燥的地方，远离水池和饮水设施。按每千只种鹅50 m² 计算产蛋舍建造面积，产蛋舍面积过小，产蛋鹅同时拥入过多，会导致挤压甚至踩踏死亡。产蛋舍要保持通风、干燥，蛋窝可用稻草、谷壳等垫料铺在舍内四周。醒抱栏按每千只种鹅80 m² 计算，分三栏，与产蛋舍相通，便于就巢鹅驱赶。醒抱栏要求阳光充足、干燥，并安装饮水设施。

防止舍外产蛋。头产母鹅一般都能到产蛋舍内做窝产蛋，但也有少数几只母鹅在运动场低洼或角落的地方做窝产蛋。一旦在舍外产蛋后，就很难改变习性让其回到舍内产蛋。因此，发现母鹅在舍外寻窝时就要及时阻止，并将其驱赶到舍内产蛋。

对抱窝鹅进行鉴别。母鹅抱窝是其繁衍后代的一种本能。母鹅产蛋后，脑垂体前叶会分泌大量的催乳素导致卵巢萎缩，继而出现抱窝现象。鉴别方法：可以通过观察鹅的行为表现来鉴别，抱窝鹅表现为衔草筑窝，或啄胸腹部羽毛覆盖鹅蛋上；非抱窝的鹅下过蛋后，看到人过去会起身离开，而抱窝鹅一般不会离开，还会主动攻击人；抱窝鹅腹部羽毛减少，有的可以看到裸露的皮肤。同时，结合探蛋可基本确定。

图6-3　产蛋舍

　　鹅醒抱方法很多，有物理强制醒抱，有化学药物醒抱，也有改变抱窝环境醒抱。在这里主要介绍通过改变母鹅抱窝环境醒抱的方法。这种醒抱方法，需要建设醒抱栏，适用于规模种鹅场的母鹅醒抱。具体方法：建立3个醒抱栏，加上产蛋舍，共有

图6-4　母鹅在公鹅守护下抱窝

4个抱窝环境。按照每6天从产蛋舍挑选一批抱窝鹅到醒抱1栏,以后隔6天依次转到醒抱2栏、3栏。每批抱窝鹅经过4个抱窝环境,共24天的醒抱后,就完全苏醒,可进入大群饲养,恢复产蛋。通过这个方法,母鹅抱窝时间可缩短1周左右。

收集与保管种蛋。每天捡蛋3次,早中晚各1次。早上产蛋数占全天产蛋数的62%,中午占18%,晚上占20%。捡蛋时要避免惊吓产蛋鹅,要小心驱赶,小心捡蛋。收集的种蛋进行清洁、清点和消毒后方可入库。入库的种蛋可用被单覆盖,防止蚊蝇叮咬,储蛋室温度保持在18～20℃。种蛋每3～7天孵化一次,储蛋期超过两周不能入孵。

图6-5 养殖户在捡拾鹅蛋

注意夏季防暑。鹅具有耐寒不耐热的特点,南方的夏天对鹅来说是一个难受的季节,特别是高温天气,如不做好防暑降温工作,就会影响产蛋,严重的引起中暑死亡,损失严重。防暑措施主要有三种:一是运动场种树,利用树冠遮阳,为种鹅提供乘凉的地方。二是用遮阳膜在运动场搭建遮阳棚,这种方法经济实用，避暑效果好。三是搭建棚屋，如油毛毡棚、茅草棚、彩钢棚等。棚屋除遮阳避暑外，还有防风遮雨等多种用处，但投资费用相对更高。

图 6-6　鹅蛋

日常管理：除清洁卫生、消毒和保供清洁饮水外，种鹅洗浴用水也应保持清洁卫生，运动场内水池用水每天更换；产蛋期鹅场环境保持安静，防止其他动物入内骚扰；每天两次对鹅群进行巡查观察、巡检，发现问题及时处理。

（2）休蛋期管理

淘汰不理想种鹅。种鹅休蛋后，首先淘汰伤残或有病的个体，其次淘汰产蛋性能低、体形小、耻骨间距在 3 指以下的母鹅。核对公母比例后，淘汰多余的公鹅或母鹅。如果淘汰率过高影响下年生产，或出现公、母鹅比例不当，要及时补充种鹅，配好公母比例。

公鹅在产蛋期由于配种而消耗较大，换羽比母鹅要早。进入休蛋期后应尽早进行公、母鹅单独饲养，以便采取不同的饲养管理，使公鹅提早恢复体力，为下一产蛋期配种作好准备。

图 6-7　鹅场遮阳棚

　　为缩短换羽时间和产蛋的整齐度，对一些头产种鹅换羽较慢的，可通过人工强制换羽。人工强制换羽可根据各种鹅场的情况，可做可不做。换羽之前停料 2 ~ 3 天，但要保证充足的饮水；第 4 天开始喂给青草、糠麸、糟渣等组成的青粗饲料。到第 12 ~ 13 天左右试拔主翼羽和副主翼羽，如果试拔不费劲，羽根干枯，可逐根拔除，否则应隔 3 ~ 5 天后再拔一次，最后拔掉主尾羽。拔羽多在晴天的黄昏进行，切忌在雨天操作。对拔羽后的种鹅要加强饲养管理，拔羽当天鹅群应圈养在运动场内喂料、喂水，不能让鹅群下水，避免雨淋和烈日暴晒，防止细菌污染，引起毛孔发炎。拔羽以后，立即喂给青饲料，并慢慢增喂精料，促使恢复体质，提早产蛋。进行人工强制换羽的种鹅群应实行公母分群饲养，以免公鹅骚扰母鹅和消耗公鹅的精力，待换羽完成后再合群饲养。

　　在休蛋期要及时清理产蛋房垫料，并彻底打扫、清洗、消毒，保持产蛋房清洁卫生，为下一产蛋期做好准备。

2. 头产种鹅的饲养

（1）产蛋期饲养

产蛋期种鹅对蛋白质饲料、能量饲料及矿物质和维生素的需要量比非产蛋期种鹅大，如果营养不足，不仅导致产蛋量降低，而且会出现小蛋、薄壳蛋、畸形蛋等现象。所以产蛋期饲养时，在满足种鹅对青、粗饲料的基础上，还要提高日粮的营养标准，保证种鹅产蛋的营养需要。产蛋期种鹅要保持中等膘情，过肥过瘦都会影响产蛋量。过肥要适当减喂精料，并增加运动量；过瘦应加喂饲料，并增加日粮中能量和蛋白质的含量。产蛋期切勿随意改变饲料配方。饲喂时间要固定，每天饲喂两次，早晚各一次，早晚饲喂量分别占全天饲喂量的三分之一和三分之二。由于产蛋期鹅群中的产蛋鹅、就巢鹅和醒抱鹅变化较大，所喂的饲料量也应有变化，因此要经常观察调整。

头产种鹅产蛋期的饲料配方比例推荐如下：玉米 40%、大麦（稻谷）20%、糠麸类 10%、豆粕 10%、粗料（草粉、谷壳）15%、预混料 5%。喂料量控制在每只种鹅 225 g 左右，并根据吃料情况适当调整。贝壳堆于栏内由鹅群随意觅食。

就巢鹅饲养，一般要满足其饮水，限制喂料。在保证饮水供给的前提下，提供少量精料，增加青粗饲料，1 天或隔天饲喂一次，以维持体况。

（2）休蛋期饲养

种鹅进入休蛋期，母鹅产蛋逐渐减少，蛋形变小，羽毛干枯，部分鹅呈贫血现象；公鹅性欲下降，配种能力变差，种蛋受精率降低。在种鹅休蛋期的饲养中，应将其饲料由产蛋期的精料型日粮改为粗料型日粮。种鹅换羽时开始进行控料，每天逐渐减少精料喂量，3 ~ 4 天后可停止饲喂精料，完全由糠麸、谷壳和青绿饲料代替。控料的目的是促进鹅体脂肪的消耗，加快一致换羽，同时锻炼种鹅的耐粗能力，降低饲养成本。饲喂次数也由 1 天 2 次改为 1 天 1 次。

> 疫病防控

常见疾病及其防治——鹅卵黄性腹膜炎
（鹅大肠杆菌性生殖器官病）

该病是产蛋母鹅中比较常见的一种传染病，由大肠杆菌感染引起。俗称"蛋子瘟"，也叫鹅大肠杆菌性生殖器官病。本病主要发生于产蛋期，能引起种鹅种用性能下降，甚至死亡。一旦产蛋结束，发病亦告停止。

流行病学：大肠杆菌是一种广泛存在于自然界和动物体内的条件致病菌，当鹅的免疫力下降时可导致鹅发病。各年龄段的鹅均易感，20～40日龄雏鹅感染率和发病率最高，在饲养条件不佳、密度过大或受到较大应激的情况下，常与禽流感、传染性浆膜炎等病混合感染或继发感染。感染大肠杆菌的种鹅会出现产蛋量减少，受精率和孵化率下降，母鹅常见卵黄性腹膜炎，而公鹅则可能出现外生殖器官的病变。

临床症状：受感染的种鹅在产蛋初期可能会表现出精神萎靡、食欲下降、行动迟缓、离群独处、不愿活动、漂浮水面等症状，伴随着软壳蛋和薄壳蛋数量的增加，产蛋率下降。随后可能发展为广泛的卵黄性腹膜炎，逐渐消瘦，泄殖腔周围可能会沾满发臭的排泄物，混有凝固的蛋白或卵黄小块。最终停食失水、眼球下陷，衰竭死亡，病程2～6天，长的达2周。只有少数母鹅能够自行康复，但产蛋能力难以恢复。母鹅的发病率约为20%，死亡率为10%～30%，高的可达60%以上。公鹅感染大肠杆菌后，症状相对较轻，仅表现为外生殖器的红肿、溃疡或结节。严重时阴茎无法缩回泄殖腔，丧失交配能力。

病理变化：病变主要发生在生殖系统，母鹅卵子皱缩变形或破裂，呈灰色、褐色或酱色。腹腔内充满淡黄色腥臭的液体和卵黄液，腹腔器官表面有一层淡黄色、凝固的纤维素性渗出物，易刮落。腹膜炎症严重，腹膜、肠管间相互粘连。输卵管及子宫出血、溃疡、坏死。心包腔积液增多，肝脏、肾脏肿大。

图6-8　鹅之腹腔纤维素性渗出　　　　图6-9　患病鹅之肝周炎

图 6-10 患病鹅之输卵管炎症

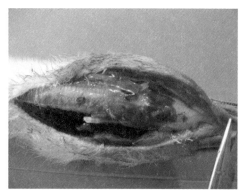

图 6-11 患病鹅之脖子水肿

防治措施：

（1）预防：预防大肠杆菌最直接有效的方法，就是要保证鹅场清洁卫，落实消毒制度，防止"病从口入"。鹅场一旦发生此病，往往很难彻底清除，必须认真做好生物安全措施，才可控制或减少疾病的发生。种鹅场的饮水与嬉水设施必须分开，饮水水源清洁卫生，无病原污染。采用料槽喂料，禁止将饲料直接投喂在地面，以免被粪便污染。要加强育成期饲养管理，防止感染病原菌，严格淘汰慢性带菌病鹅和生殖器官异常或病变的公鹅，提倡人工授精。对于经常发病的鹅场，可以选择接种鹅大肠杆菌灭活疫苗，每只皮下注射 1.0 mL。

（2）治疗：种鹅发病后，病鹅一律淘汰。大肠杆菌易产生耐药性，为保证治疗效果，应首先从本场分离大肠杆菌，并对其进行药敏试验。根据试验结果，选择敏感药物治疗，轮换用药。在未做药敏试验之前，可先选用本场或本地区少使用的药物，选用几种药物交替使用，以防产生耐药性菌株。

鹅言鹅语

　　我出生 200 天啦，现在我可以开始产蛋啦。我终于取得种鹅资格，开始繁育下一代。产蛋量一般逐年提高，开产第二年比第一年多产蛋 15%～25%，第三年比第一年多产蛋 30%～50%，第四年开始减少。为保证高产、稳产、优产，主人在选留种鹅时会考虑保持适当的年龄结构。合理年龄结构为 1 岁龄占 35%，2 岁龄占 30%，3 岁龄占 25%，4 岁龄占 10%。

链接与分享——《白公鹅》

［俄］叶·诺索夫

如果可以给禽鸟授军衔的话，那么，这只白鹅满可以当个海军上将。瞧它那姿态，那步履，它同村里其它的鹅讲话时的那种语调——全是海军上将的风度。

它走起路来神气十足，一步一停。每迈出一步之前，总是先把白色制服下的鹅爪高高抬起，同时把那像折扇似的脚蹼一收，这样站一会儿，然后才不慌不忙地把脚往泥泞里踩去。它竟然能够用这种姿势走过最泥泞的道路而不弄脏一片羽毛。

这只鹅从来不跑，甚至放狗去赶它也不跑。它总是高高地、一动不动地昂起长长的脖子，好像脑袋上顶着一杯水似的。

提起脑袋，说实在的，它好像并没有脑袋，而是从脖子上直接长出那橙黄色的、鼻梁上凸起一个大包的巨喙。这包非常像是帽徽。

当这只鹅在浅滩上伸展开身子，扑打着那足有一米半长的翅膀时，水面便激起阵阵粼波，岸边的芦苇也沙沙作响。如果这时它再叫两声，草场上挤奶员的奶桶也会被震得嗡嗡作响。

总而言之，这只白鹅是整个草场上最重要的人物。由于自己这一地位，所以它生活得无忧无虑、自由自在。村里最漂亮的母鹅一只只都盯着它。水草、浮萍、贝壳和蝌蚪最多的浅滩全都属于它。最干净的、被太阳晒得暖烘烘的沙底浴场——是它的；草场上最嫩的青草地——也是它的。

这些都不打紧，最要命的是我的钓鱼台所在地——浅滩之间的深水湾，白鹅也认为是属于它的。

为了这个水湾，我同它打了好久的官司。它根本不把我放在眼里。一会儿把它的鹅舰队排成纵列径直朝我的钓鱼台开来，而且久久不去，绊住我的浮标就乱扯乱拽；一会儿又在正对岸集体洗澡。洗就洗吧，可它们又叫唤，又扑打翅膀，追来追去地扎猛子，捉迷藏。要不就同别的鹅群打架。战斗结束之后满河飘着羽毛，那个喧嚣声，那个得意洋洋的叫喊声，弄得根本不可能有任何鱼来咬钩。

第六章 种 鹅

它多次吃掉我罐子里的蚯蚓，拖走我穿在绳子上的鱼。它干这些并不是偷偷摸摸的，而是大大方方、从容不迫的，仿佛在显示它对这条河流的统治权。显然，它认为这个世界上的一切都是只为它而存在的，要是它知道连它自己也是属于一个村童斯焦普卡的，只要斯焦普卡愿意，完全可以把它宰了，让母亲拿去做鹅肉白菜汤——要是它知道的话，一定会感到惊奇。

今年春天，风刚把泥泞的土路吹干，我就把自行车拾掇好，把两根鱼竿系在车架上，出发去钓鱼了。我顺路去村子里绕了一下，吩咐斯焦普卡挖些蚯蚓给我送到河边来。

赶到我的钓鱼台时，白鹅已经在那儿了。我竟忘了宿怨，开始欣赏起它来。它沐浴着阳光站在河边的草地上，丰满的羽毛一片片那样匀称地贴在一起，仿佛整个鹅是由一大块精糖雕刻而成。在阳光下，一身白羽显得那样晶莹光洁，就像是映着阳光的糖块一样。

看见我以后，它把脖子往下一伸，贴着草地向我走来，一面发出威吓的咯咯声。我赶紧用自行车把它挡住。

它张开翅膀狠命地扑打了一下自行车的辐条，被弹开之后，又上来扑第二下。

"该死的，呵——嘘！"

这是斯焦普卡在叫。他拿着一罐蚯蚓沿小路跑来了。

"呵——嘘！呵——嘘！"

斯焦普卡抓住鹅的脖子，把它往一边拖。白鹅反抗着，用翅膀使劲抽打孩子，把帽子也给他打掉了。

"狗东西！"斯焦普卡骂了一声，把它拖到了远处。"它谁也不让过。一百步之内不让任何人靠近。现在它有小鹅了，所以特别凶狠。"

这时我才发现白鹅身边那一朵朵"蒲公英"在动弹，它们挤成一堆，从草丛里恐惧地伸出一只只嫩黄色的小脑袋。

"它们的妈妈呢？"我问斯焦普卡。

"它们是孤儿……"

"怎么回事？"

"母鹅被汽车压死了。"

斯焦普卡在草地上找到帽子，沿着小路往桥上跑去。他该去上学了。

我还没有在钓鱼台上完全安顿下来，白鹅已经又同它的邻居们干了好几次架。后来，不知从哪儿跑来一头脖子上挂着半截绳子的花斑小黄牛。白鹅又朝它冲去。

小牛撅炮了个撅子，拔腿就跑。白鹅追了上去，用鹅爪去抓拖在地上的半截绳子，结果摔了个筋斗。它仰面朝天躺在地上，两只鹅爪无能为力地在空中乱抓了一阵。翻过身来后，它的火气更大了，久久地跟着小牛追，把牛腿上棕黄色的毛一团一团地钳了下来。小牛有时也试着想抵挡一阵。它把前腿劈得宽宽地站在那儿，鼓起一双紫蓝色的眼睛盯着鹅，笨拙地、不大有信心地晃动着那长着一对招风耳的脑袋。可是，白鹅刚一扇起那对一米半长的翅膀，小牛便坚持不住，掉头逃走了。最后，小牛终于钻进了一片密密的柳树丛，在那儿眸阵地哀叫起来。

图 6-12　浙东白鹅之种鹅

"嘎——唔！"白鹅得意洋洋地晃动着短尾巴，扯开嗓子叫了起来，叫得整个草场都能听见。

总之，嚷叫声、威吓性的咯咯声和翅膀的扑打声在草场上从未停息过，而小鹅们只要看见勇敢的父亲跑开了，便心惊胆战地挤在一起，不满地吱吱叫着。

"你把孩子们吓坏了，真蠢！"我批评它说。

"咯咯！咯咯！"它回答道，仿佛是说："哪能呢！"

"你要是人的话，这样干早被扭送民警局了。"

"嘎——嘎——嘎！"它是在讥诮我。

"你这个浮躁的家伙！还当爸爸呢！啼，真了不起，抚育下一代……"

我一面同鹅斗嘴，一面修整被春汛冲塌的钓鱼台，没注意从树林后面升起了一团乌云。乌云愈来愈大，渐渐变得像一堵灰蓝色的墙，厚厚的一点也不透光，没有一丝缝隙。它缓慢地、毫不留情地吞噬着蔚蓝色的天空，并渐渐逼近了太阳。刹那间，毛茸茸的云边像熔化了的铅似的闪亮着。但太阳不可能把整团乌云都溶化掉，它终于完全消失在铅灰色的云层里。草场上变得黑压压的，就像到了黄昏。刮起了旋风，风卷得鹅毛团团飞舞，向空中飘去。鹅群不再吃草了，一个个抬头仰望天空。

头一阵雨滴抽打着睡莲宽大的叶片。紧接着，突然狂风怒吼，柳树被吹弯了腰，草场变得像一片起伏着灰蓝色波浪的海洋。

我刚披上雨衣，乌云就像是裂开了一般，倾盆大雨斜飘着自天而降，雨水冰凉。群鹅全都张开翅膀，匍匐在草地上，翅膀下藏着它们的儿女。整个草场上到处都能看见一只只神色紧张的昂起的鹅头。

突然，一个坚硬的东西在我的鸭舌帽檐上敲了一下，自行车的辐条也被敲得……作响，接着从我脚边滚过了一粒白色的东西。

我抬头一望，只见草场上一片白花花的雹雨。村子消失了，远处的小树林也看不见了。灰蒙蒙的空中响着沉闷的沙沙声，灰色的河水也哀鸣着，不断翻着水泡。被冰雹蹂躏得残破不堪的睡莲发出阵阵断裂的声音。

鹅群趴在草地上一动不动，惊惶不安地互相呼唤着。

那只白鹅则蹲在那儿，高高地昂着脖子。当冰雹打中它的头时，它便哆嗦一下，眨眨眼睛。而当特别大的雹子击中它的头顶时，它就把脖子一缩，晃一晃脑袋，然后又重新伸长脖子，一直注视着空中的乌云，同时警惕地把脑袋偏着。在它那张得大大的翅膀下，不声不响地蠕动着整整 12 只小鹅。乌云愈来愈狂暴地摧残着草场。它似乎要把那装满雹雨的口袋彻底撕开。白花花的冰雹在小路上东跳西蹦，狂飞乱舞。

草场上的鹅群坚持不住，扔下小鹅逃跑了。它们拼命跑着，冰雹冬冬冬地敲打着它们佝偻的脊背。灰蒙蒙的雨帘也使劲抽打它们，几乎完全遮住了它们的身影。满是冰雹的草地上忽而东忽而西地闪现着一只只毛茸茸的小鹅头，偶尔能听见它们吱吱吱的呼救声。有时吱吱声会突然中断——被冰雹击中的嫩黄色"蒲公英"扑倒在草地上了。

群鹅佝着脊背跑呀，跑呀，终于跑到了河边，一个个像大块石头似的从陡岸上扑通扑通地滚进水里，藏进了柳树丛和陡岸下。接着，为数很少的一些小鹅也跑到了，也像小卵石似的纷纷跳进河里。我连头蒙在雨衣里。往我脚边滚来的已经不是圆圆的雹粒，而是足有半斤重糖块那样大的、还滚得不大圆的冰块。雨衣不怎么管用，冰块打在背上好疼好疼。

那头牛犊从小路上急匆匆地跑过，半截湿漉漉的绳子在我的靴子上抽了一下。它刚跑过去约莫10步远，便消失在蒙蒙的雹雨里。

一只被困在柳树丛里的鹅一面扑打着翅膀，一面嘎嘎叫着；我的自行车辐条了当了当地响得更欢了。

乌云来得突然，去得也突然。最后一阵冰雹刚从我的脊背上敲过，在河边浅滩上溅起一片水花，河对岸的村子立即就显露出来，太阳从乌云里伸出头，把阳光洒在湿漉漉的河对岸、柳林里和草场上。

我脱掉了雨衣。

在阳光下，草地上白花花的冰雹眼看着颜色发暗，渐渐融化了。小路上出现了一个个水洼。在湿漉漉的草丛中，就像网里的鱼一样，躺倒着一只只被冰雹击中的小鹅。它们几乎全都死了，怎么也没能跑到河边。

感受到阳光的温暖，草场又重新变成绿色。只是在它的中央，有一个白斑怎么也变不成绿色。我走近一看，原来是那只白鹅。

它趴在那儿，张开强劲的双翅，脖子垂在草地上。灰色的眼睛一动不动的望着乌云飘走的方向。从小小的鼻孔里，顺着嘴喙往外淌着鲜血。

12只毛茸茸的"蒲公英"你推我挤地从它的翅膀下爬了出来，没有一个受伤。它们愉快地吱吱叫着，在草地上四散开去，啄着那些尚未融化的雹粒。一只背上有条黑斑的小鹅笨拙地倒换着宽大而弯曲的爪子，想爬到白鹅的翅膀上去，但每次都像陀螺一样滚了下来。

小家伙生气了，它急躁地乱抓乱扑，从草丛中挣脱出来，执拗地往白鹅的翅膀上爬去。小鹅终于爬到了父亲的背上，在那儿站住不动了。它还从来没有攀登得这样高。

它面前展现出一个满是亮晶晶的青草和阳光的神奇世界。

经产种鹅（约 540 日龄至淘汰）

从头产种鹅进入休蛋期开始至 6 月底，换羽基本结束，此时就将进入经产种鹅的产蛋前期阶段，种鹅约 540 日龄。经产母鹅一般在第四产蛋年结束后被淘汰。

外貌特征

成年公鹅肉瘤形状长圆形，向前略突出；成年母鹅肉瘤呈半球形，比公鹅肉瘤低而小。肉瘤颜色呈橘红色或橘黄色。喙比其他鹅品种长、宽、扁，上喙长于下喙，呈楔形，橘红色或橘黄色，较深于肉瘤颜色。跖、蹼颜色呈橘红色，角质层增厚。大部分母鹅腹部皮肤下垂，形成 1 ~ 2 个袋状皱褶，俗称"蛋袋"。

图 6-13　浙东白鹅经产种鹅

第六章 种 鹅

生理特点

公鹅第 2 ~ 3 年性欲旺盛，为最佳配种时期。母鹅第二产蛋年产蛋量高于第一产蛋年，年产蛋 30 ~ 42 枚，平均 38 枚，平均蛋重 176.3 g。鹅体羽绒丰满，绒羽含量较多；皮下有脂肪而无皮脂腺，只有发达的尾脂腺，散热困难，所以耐寒而不耐热，对高温反应敏感。

管理要点

1. 经产种鹅的管理

（1）产蛋前期管理

种公鹅换羽较早结束，所以要提早对其补料，尽快恢复体能，为产蛋期配种做好准备。公鹅补料比母鹅补料一般要早半个月以上。

将公鹅与母鹅单独饲养恢复为合群饲养，有利于种鹅熟悉环境、选择伴侣，有利于交配，提高受精率。

经产种鹅公、母比例最好保持在 1∶5 左右，不高于 1∶6。如种公鹅年龄增大，配种能力有所降低时，可适当增补公鹅，降低公、母比例至 1∶4，但不低于 1∶4。

产蛋舍如有损坏、漏雨等情况要及时进行维修，并做好清洁卫生和消毒工作；准备蛋窝草料，要求草料干燥、清白、干净，禁止使用发霉的草料，并铺好蛋窝。对运动场、围栏、水池、遮阳棚屋、饮水喂料等设备设施进行全面检查，发现损坏应及时维修。

（2）产蛋期管理

经产种鹅产蛋期的管理应按照初产种鹅产蛋期的管理要点进行。对舍饲的种鹅管理还可参考以下几点措施：

适当补充光照。此法一般适于舍饲种鹅场。光照时间的长短及强弱，对种鹅的繁殖力有较大的影响。采用自然光照结合人工光照的方式，每日应不少于 15 小时，通常是 16 ~ 17 小时，一直维持到产蛋结束。补充光照应在开产前一个月开始，时间由短至长，直至达到适宜光照时间。增加人工光照的时间分别在早上和晚上。不同品种的鹅在不同季节所需光照不同，应当根据季节、地区、品种、自然光照和产蛋周龄制定光照计划，并严格按计划执行，不得随意调整。舍饲的产蛋种鹅在日光不足时可补充电灯光源，光源强度 2 ~ 3 W/m² 较为适宜，每 20 m² 安装一只 40 ~ 60 W 灯泡较好，灯与地面距离 1.75 m 左右为宜。

给种鹅舍通风换气。产蛋期种鹅由于放牧减少，在舍内生活时间较长，摄食和排泄量也很多，容易造成舍内空气污染。为保持舍内空气新鲜，除控制饲养密度（1.2 ~ 1.3 只 /m²）外，还要加强通风换气，及时清除粪便、垫草，减少舍内氨气的产生。冬季除东北地区极端天气外，一般不需关门闭窗，始终保持舍内空气的新鲜。

有些公鹅还保留有较强的择偶性，这样将减少与其他母鹅配种的机会，从而影响种蛋的受精率。在这种情况下，公、母鹅要提早进行组群，如果发现某只公鹅与某只母鹅或是某几只母鹅固定配种时，应将这只公鹅隔离。经过一个月左右，可使公鹅忘记与之配种的母鹅，重新与其他母鹅交配，从而提高受精率。

（3）休蛋期管理

休蛋不是结束产蛋，休蛋是为了更好产蛋，不能忽视休蛋期的饲养管理。要使经产种鹅群保持旺盛的生产能力，应在休蛋种鹅群中选择健康、繁殖性能良好的个体，留下继续种用，淘汰老弱病残或繁殖性能差的个体。同时，在第三、四产蛋年中，应逐年更换种公鹅，增加新鲜血液，提高种蛋受精率。

从生物学性能和经济效益考量，种公鹅利用年限为 3 ~ 4 年，母鹅为 4 ~ 5 年，一般在第四产蛋年后予以淘汰。淘汰安排可选在休蛋期进行。除部分新更换的健康且配种能力强的种公鹅继续留下种用外，其他鹅一律淘汰。

其他管理工作参照头产种鹅休蛋期的管理工作要求进行。

2. 经产种鹅的饲养

（1）产蛋前期饲养

经产种鹅经过产蛋期进入休蛋期以后，种鹅体质较弱。为尽快增肥，使种鹅恢复体质，储备能量，为下一个配种产蛋期做准备，一般公鹅在开产前 30 天，母鹅在前 20 天左右（产蛋前期）开始增加饲喂精料。按需要，每天每只饲喂精料 200 g，以玉米、稻谷、大麦、豆粕为主；粗料 50 g，以糠麸、谷壳、草粉等为主。每日喂两次，早晚各一次。同时，保证供给青绿饲料，添加矿物质、微量元素和维生素。

（2）产蛋期饲养

经产种鹅繁殖能力强，特别是处于第二、三产蛋年的种鹅，其繁殖力最旺盛，母鹅产蛋量要比头产母鹅高出三分之一以上。种鹅处于高强度的产蛋和交配状态，需要消耗较多的营养物质，尤其是蛋白质、能量、钙、磷等营养物质。如果种鹅营养供给不足或养分不平衡，就会造成蛋重减轻、产蛋量下降、体况消瘦，最终停产换羽。在完全圈养或舍饲的条件下，产蛋母鹅日粮营养水平及占比：能量 10.88 ~ 11.51 MJ/kg、粗蛋白 15% ~ 16%、粗纤维 8% ~ 10%、赖氨酸 0.8%、蛋氨酸 0.35%、胱氨酸 0.27%、钙 2.2% ~ 2.5%、磷 0.65%、食盐 0.5%。给产蛋种鹅提供青绿饲料是必须的，若处于青绿饲料缺乏的季节，无法满足种鹅对青绿饲料需求，可用优质草粉代替，有利于提高繁殖性能。提供足量的贝壳等矿物质饲料，任其自由采食，以补充钙质的需要。

经产种鹅产蛋期的饲料配方比例推荐如下：玉米 40%、大麦（稻谷）15%、糠麸类 15%、豆粕 15%、粗料（草粉、谷壳）10%、预混料 5%。喂料量控制在每只种鹅 225 g 左右，每日喂 2 次，早晚各 1 次，并根据吃料情况适当调整喂料量。

在繁殖期，种公鹅由于多次与母鹅交配，排出大量精液，体力消耗很大，体重有时明显下降，从而影响配种能力。为了保持种公鹅有良好的体况和旺盛的配种能力，在饲养上，除了和母鹅群一起采食外，还要给种公鹅补饲配合饲料。配合饲料中应含有动物性蛋白饲料，有利于提高种公鹅的精液品质。补喂的方法：一般是在一个固定时间，将母鹅赶到运动场，把种公鹅留在舍内或补饲圈内，任其自由采食补喂饲料。这样，经过一定时间，种公鹅就习惯于自行留在舍内或补饲圈内，等候补喂饲料。种公鹅的补饲可持续到配种结束。

种鹅产蛋和代谢需要大量的水分，所以对产蛋鹅应给足饮水，经常保持有清洁的饮水供应。产蛋鹅夜间饮水与白天一样多，所以夜间也要给足饮水，满足鹅体对水分的需求。我国北方气候寒冷，饮水容易结冰，母鹅饮用冰水对产蛋有影响，应供应温水，并在夜间换一次温水，防止饮水结冰。

（3）休蛋期饲养

经产种鹅休蛋期饲养参照头产种鹅休蛋期的饲养要点。

常见疾病及其防治——鹅脂肪肝综合征

病因：该病是因长期给鹅饲喂高能量、低蛋白日粮而引起的一种脂肪代谢障碍性疾病。以鹅体肥胖、肝脏肿大、肝功能障碍、产蛋量下降为特征，严重的引起肝破裂而突然死亡。本病多发生于寒冷的冬季和早春，主要见于产蛋鹅群。

长期饲喂单一、高能量、低蛋白日粮，使鹅体能量过剩，大量脂肪沉积于肝脏，导致肝实质细胞发生脂肪变性；饲料中缺乏蛋氨酸、胆碱、维生素 B_{12}、维生素E、生物素、硒、锰等，可使脂肪代谢发生障碍而沉积于肝脏，形成脂肪肝；运动不足，缺乏能量消耗，脂肪沉积体内过多，也是诱发本病的重要原因；饲喂发霉的饲料，发生某些传染病，也能引起肝脏脂肪变性。

临床症状：发病鹅群营养良好，鹅体态肥胖，产蛋率不高，无明显的特征性症状。病鹅往往在驱赶、惊吓、采食或饮水时，突然倒地、拍翅、痉挛而死亡。

病理变化：死亡病鹅往往可见喙、肉瘤、皮肤苍白。肝表面和腹腔内积有大量凝血块，肝脏明显肿大，质脆，呈灰黄色，切面有脂肪滴附着，肝有破裂痕迹。皮下、腹膜以及肠管、肌胃、心脏、肾脏周围有大量的脂肪沉积，腹水增多，并混有露珠样油滴。

图6-14 鹅脂肪肝综合征之肝脏病变

防治措施：科学的饲养管理是预防本病的主要措施。饲料要多样化，并要合理搭配。根据产蛋季节和产蛋情况适当控制能量饲料，保持一定的粗饲料比例（如粗糠、麸皮等），添加氨基酸、胆碱、维生素及微量元素，调控饲喂量，保证提供青绿饲料。保持合理的饲养密度，加强运动。严禁饲喂发霉变质饲料，加强清洁卫生和消毒工作，预防疫病的发生。

一旦发生本病，应立即查明原因，开展针对性的治疗。如日粮能量过高，应降低能量水平，适当增加蛋白水平，添加氨基酸、氯化胆碱、维生素、微量元素和肌醇。在每千克饲料中添加 1.5 g 氯化胆碱、2 mg 维生素 E、1g 肌醇。连续添加饲喂 1 周，疗效明显。

经产种鹅的免疫和驱虫，按照后备种鹅后期的免疫要求和驱虫方法进行。

鹅言鹅语

　　繁育既多又优良的鹅宝宝，体现了鹅妈妈的重要价值。正值壮年的我们，每年大约能产蛋 36 枚，通过机器孵化约能出雏 22 羽，这些雏鹅会乘坐飞机、高铁走向祖国的四面八方。在 2024 年春节联欢晚会上，伴随着《鹅鹅鹅》的童声诵读，34 位来自义乌的小演员们穿着雪白色毛绒服装，以跪游的姿态，排成一排缓缓"游"进舞台。他们表演的"跪游""翘屁股"和"矮子步"等高难度动作，赢得了阵阵喝彩。这些"小鹅"们时而蜷缩成一团，时而倒扎在水里扑腾，天真烂漫，他们的演绎让这首千古名诗"游"进了亿万观众心坎里。白鹅不仅能用于烹饪美味佳肴、制作羽扇绒衣，还能入诗词歌赋，真是"鹅生"有幸！

索 引

参考文献

［1］陈国宏．中国养鹅学［M］．北京：中国农业出版社，2013．

［2］何大乾，陈维虎．浙东白鹅［M］．北京：中国农业出版社，2020．

［3］何大乾．养鹅技术100问［M］．北京：中国农业出版社，2009．

［4］Calnek B W．禽病学［M］．高福，苏敬良，译．10版．北京：中国农业出版社，1999．

［5］甘孟侯．禽流感［M］．2版．北京：中国农业出版社，2002．

［6］刘志军，李健，赵战勤．鹅解剖组织彩色图谱［M］．北京：化学工业出版社，2017．

［7］刁有祥．彩色图解科学养鹅技术［M］．北京：化学工业出版社，2018．

［8］王继文，李亮，马敏．鹅标准化规模养殖图册［M］．北京：中国农业出版社，2013．

［9］袁日进，潘琦．鹅饲养袖珍手册［M］．南京：江苏科学技术出版社，2004．

［10］顾洪如，李银．养鹅生产关键技术速查手册［M］．南京：江苏科学技术出版社，2005．

［11］刘洪亮．吉林省养鹅业现状及产业化分析［D］．长春：吉林农业大学，2015．

［12］郝家胜．鹅的部分品种和有关野雁的分子系统学和遗传多样性研究［D］．南京：南京师范大学，1997．

［13］黄恋思．网上养殖与地面养殖模式下农华麻鸭小肠发育及盲肠微生物差异研究［D］．成都：四川农业大学，2019．

［14］Wangyang J, EL H, Xiaoya Y, et al．Identifying molecular pathways and candidate genes associated with knob traits by transcriptome analysis in the goose（Anser cygnoides）．［J］．Scientific reports，2021，11（1）：11978-11978．

［15］Rajesh J, Pravin M．Dietary fiber in poultry nutrition and their effects on nutrient utilization, performance, gut health, and on the environment: a review［J］. Journal of Animal Science and Biotechnology, 2021, 12（1）: 51-51.

［16］Cui W, Yi L, Yuting Z, et al. Expression profile and the G63A mutation of IGF2 gene associated with growth traits in Zhedong-White goose［J］. Animal Biotechnology, 2023, 34（7）: 3261-3266.

［17］季王阳, 侯丽娥, 翁恺麒, 等. 浙东白鹅肉瘤形态学和组织学观察及其与肌肉营养成分关系分析［J］. 中国家禽, 2022, 44（07）: 6-10.

［18］陈淑芳, 贾惠言, 戴久丽, 等. 浙东白鹅养殖技术探究［J］. 中国畜禽种业, 2022, 18（08）: 16-17.

［19］叶健强, 李江陵, 曹冶, 等. 有效控制雏鹅死亡率的关键技术［J］. 中国家禽, 2009, 31（22）: 56-58.

［20］张云. 鸟的紫外色觉研究［J］. 中国科技信息, 2017,（20）: 62-64+12.

［21］黄付丽, 陈朝颜, 卿恩华, 等. 笼养和混合平养对鹅尾脂腺组织形态学的影响［J］. 中国家禽, 2023, 45（09）: 1-6.

［22］周阳生, 王永坤, 万定一. 用小鹅瘟疫苗接种母鹅后对其雏鹅天然被动免疫期的测试［J］. 中国兽医杂志, 1985,（10）: 51-52.

［23］王永坤. 一种新出现的雏鹅病——鹅出血性坏死性肝炎的研究［J］. 中国家禽, 2004,（18）: 16-20.

［24］江红艳. 雏鸭的饲养管理技术［J］. 水禽世界, 2016,（01）: 17-18.

［25］袁绍有, 杨道权, 胡厚如. 皖西白鹅拔出一片新天地——系列连载（二）［J］. 农村养殖技术, 2007,（20）: 14-15.

［26］杨道权, 胡厚如, 袁绍有, 等. 皖西白鹅拔出一片新天地——系列连载（三）［J］. 农村养殖技术, 2007,（21）: 28-30.

［27］胡厚如, 杨道权, 袁绍有, 等. 皖西白鹅拔出一片新天地——系列连载（五）［J］. 农村养殖技术, 2007,（23）: 13-14.

［28］陈淑芳, 贾惠言, 戴久丽, 等. 一例雏鹅痛风病的诊治［J］. 浙江畜牧兽医, 2022, 47（06）: 31-33.

［29］申杰, 杜金平, 皮劲松, 等. 肉鹅饲养管理技术［J］. 湖北畜牧兽医,

2007,（11）：16-17.

［30］王惠影，李光全，杨云周，等．纤维源组成对浙东白鹅生长性能和消化功能的影响［J］．上海农业学报，2023，39（03）：79-84.

［31］张斌，胡建新，张璐璐．樱桃谷鸭的饲养管理技术［J］．中国牧业通讯，2011，（05）：80-82.

［32］李岩，黄礼．北京鸭种鸭培育及饲养管理（上）［J］．当代畜牧，1993，（01）：20-22.

［33］季作善，张蕾．夏季鹅常见病的防治［J］．科学种养，2007，（06）：47-48.

［34］吴业勇．鹅夏季常发病的鉴别与治疗［J］．畜禽业，2016，（09）：76.

［35］孙延龙．怎样预防鹅中暑［J］．养殖技术顾问，2003，（05）：29.

［36］罗涓，周兵．林下生态养鹅模式推广［J］．四川畜牧兽医，2012，39（04）：38-39.

［37］冯雪．中鹅放牧与饲管［J］．江西饲料，2011，（06）：41-42.

［38］陈维虎，盛安常，陈景葳，等．象山传统鹅文化习俗拾遗［J］．浙江畜牧兽医，2021，46（01）：19-20.

［39］张淑芬，刘明宇，韩永胜．东北地区冬季种鹅的常见病及防治［J］．黑龙江畜牧兽医，2016，（24）：137-138.

［40］王华冰．浅谈大鹅饲养管理及疾病预防［J］．山东畜牧兽医，2018，39（02）：49-50.

［41］张丽清，张轶群，尹红．毒蛇咬伤［J］．医学动物防制，2006，（03）：222-223.

［42］卢桂强，姜庆林，尹荣楷，等．理性而稳妥地发展肥肝生产［J］．中国禽业导刊，2008，（16）：10-11.

［43］成本翠．漫谈我国养鹅业［J］．中国禽业导刊，2001，（14）：10-12.

［44］李剑强，吴三要，甘宇．东北白鹅生产性能及饲养管理技术要点［J］．中国畜禽种业，2006，（02）：32-33.

［45］张敏．种用母鹅的饲养管理技术［J］．养禽与禽病防治，2014，（08）：10-13.

后 记 POSTSCRIPT

　　我的家乡被誉为白鹅之乡，我与白鹅之间似乎天生有缘。在 2021 年，我的团队有幸成功摘取宁波市"科技创新 2025"重大专项"揭榜挂帅"项目，项目编号为 2021Z131，领题开展浙东白鹅品种资源发掘和新品系培育研究。从事此类科研，待在实验室出不了成果，数据必须在田间栏头积累。因此，我不间断往鹅场跑，有时一蹲就是一两个月，吃喝都在鹅场。从孵化到育雏，从小鹅到种鹅，从割草到测量，我都躬身一线、亲力亲为，少有假手旁人。这段经历，让我得以近距离观察浙东白鹅，从而对它们有了更深入的了解，由此萌发了编撰《浙东白鹅养殖图鉴》的念头。

　　此后三年，我们一边潜心科研，一边全程摄影，通过镜头和文字记录了白鹅的一生，为编撰本书积累了丰富的一手资料和宝贵素材。尽管从小到大我阅鹅无数，但这样心无旁骛地观察、试验、记录，还是让我发现了许多前所未见的细节。例如，同一批孵化的鹅苗，由于饲养管理或光照条件不同，其生长发育以及毛色变化都略有不同。

　　本书不仅是浙东白鹅选育项目的一项成果，也是我出版的第一部专著，更是我从事畜牧兽医工作 35 年的总结和思考。在此过程中，何大乾、乔玉峰、杜文兴等专家学者给予了全程指导把关，我的团队成员俞照正、李玲、贾惠言、戴久丽、周潇、史凯、宋佳巍、陈文杰、俞一峰等也付出了艰苦努力。同时，宁波鹅贝儿种业科技发展有限公司、浙江九簪大白鹅种业有限公司和余姚市禽畜病防治研究所的陆新浩先生给予了无私支持，院领导李千火、王毓洪等也给予了热情鼓励。特别感谢中国工程院院士、国家水禽产业技术体系侯水生先生在百忙之中亲自为本书作序。在此，我向所有给予帮助和支持的人一并致以衷心感谢！

囿于个人水平有限，本书一些资料摘引自参考书刊。若有错误疏漏之处，请多多包涵、指教！

特别鸣谢：

象山县畜牧兽医总站高级兽医师俞照正　余姚市禽畜病防治研究所高级兽医师陆新浩

陈海芳

欢迎扫描关注"兽医女博士"微信公众号，与作者互动交流

黄柏林 、杨炯《兽医天使图》

陈淑芳女士是浙江象山人，现任象山畜牧兽医站站长。曾被评为全国十佳兽医。多次被评为全国劳动模范，四次被习总书记接见。受党中央鼓励，她积极投身于农村扶贫工作，为争取实现全面小康、普遍实现幸福家庭的目标，义务传道受业解惑，推动全国大力发展畜牧业，使之兴旺繁荣起来。并自主实践研制大白鹅疫苗消除病毒，功莫大焉！

庚子冬至后三日四明山
黄柏林与杨炯芳合写并记之

咏鹅

鹅鹅鹅
曲项向天歌
白毛浮绿水
红掌拨清波
[唐] 骆宾王

/ 311 /